一图一例巧学电工小丛书

巧学妙用生活电子线路 200 例

何慧中　主编

中国质检出版社
中国标准出版社
北　京

图书在版编目（CIP）数据

巧学妙用生活电子线路 200 例/何慧中主编. —北京:中国标准出版社,2014.6
(一图一例巧学电工小丛书)
ISBN 978 - 7 - 5066 - 7490 - 4

Ⅰ.①巧…　Ⅱ.①何…　Ⅲ.①电子线路-基本知识　Ⅳ.①TN710

中国版本图书馆 CIP 数据核字(2014)第 021585 号

内容提要

　　本书精选了200余个最新生活电子线路,包括:定时延时、门铃及生活提示电路;照明灯、应急灯及灯光控制电路;报警器、生活安全及警示电路;日常应用、家庭电工及制作电路;电器控制、生活电子及实用线路。书中内容紧密联系生产、生活实际,力求重点突出,深入浅出;语言通俗易懂,形式图文并茂;具有较强的通用性和实用性。

　　本书适合广大电子电工线路技术人员、大中专院校师生和电子电工爱好者阅读与参考,并可作为相关企业培训教材。

中国质检出版社
中国标准出版社　出版发行

北京市朝阳区和平里西街甲 2 号(100029)
北京市西城区三里河北街 16 号(100045)

网址:www. spc. net. cn

总编室:(010)64275323　发行中心:(010)51780235
读者服务部:(010)68523946
中国标准出版社秦皇岛印刷厂印刷
各地新华书店经销

*

开本 880×1230　1/32　印张 7　字数 212 千字
2014 年 6 月第一版　2014 年 6 月第一次印刷

*

定价:20.00 元

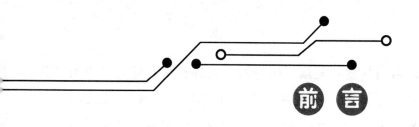

前言

　　随着我国工业化进程的加速，电工电子技术的飞速发展，电工制造业在工业产品结构中的比重越来越大，其技术人才更显得紧缺并受到企业的重视。为了适应技术工人的岗位培训和提高操作技能水平的需要，以及电工电路设计制作者对相关参考资料的需求，我们特组织专业技术人员编写了《一图一例巧学电工小丛书》，供大家参考。

　　《巧学妙用生活电子线路200例》是本系列丛书其中之一。本书精选了200余个最新生活电子线路，这些电路涉及电子电工技术的各个领域。全书分五大章：定时延时、门铃及生活提示电路；照明灯、应急灯及灯光控制电路；报警器、生活安全及警示电路；日常应用、家庭电工及制作电路；电器控制、生活电子及实用线路。这些电路，对于电工电路设计人员、电子专业学生、工厂技术革新人员、电子电工电路制作爱好者都有一定的参考价值。书中内容紧密联系生产、生活实际，力求重点突出，深入浅出；语言通俗易懂，形式图文并茂；具有较强的通用性和实用性。另外，本书在编纂过程中，由于时间所限，未能对所有电路进行实验，希望读者应用过程中，自行摸索与实践，并注意实验时用电安全。本书阅读中请注意：对于电路图中未标明单位的元器件，请读者按电工技术中元器件的标注规则正确理解。

本书由何慧中主编，编写与出版过程中，得到了中国质检出版社的大力支持和帮助；参加本书编写和文字录入的人员有：何建军、何爱萍、何明生、彭琼、张莉莉、蒋丽、张为等同志。另外，书中参考了部分老师和同行的宝贵经验，在此，一并向他们表示诚恳的敬意和由衷的感谢。

　　由于编者水平所限，书中可能存有不足与疏漏之处，欢迎广大读者批评指正。

编　者

2014 年 1 月

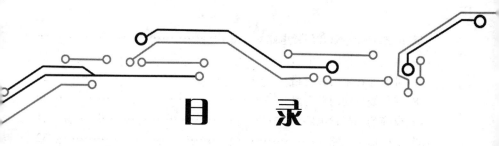

目 录

第一章　定时延时、门铃及生活提示电路

1、使用可控硅的触摸延时电路

可控硅的触摸延时电路如图 1 - 1 所示。

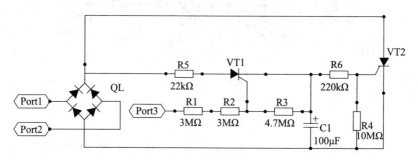

图 1 - 1

工作原理浅析:图 1 - 1 使用微触发单向可控硅作为触摸检测电路,R3 为微触发单向可控硅 VT1 提供静态偏置,当有人触摸触摸电极时,人体感应杂波通过保护电阻 R1、R2 为微触发可控硅 VT1 提供门极(触发极)电流使 VT1 导通,经 R5 对电容器 C1 充电,使 C1 端电压上升通过 R6 触发单向可控硅 VT2 导通,全桥 QL 和单向可控硅 VT2 组成的交流桥导通(负载在交流侧,图中未画,下同)。手离开触摸电极,VT1 关断,C1 通过 R6、VT2 触发极放电。R4 阻值太大忽略,因而 C1 × R6 的值决定延时关断时间。

元器件选用参考:由于使用了微触发单向可控硅 MCR 100 - 6,使得电路的触发特性非常好,触发电流在微安级,而且价格非常低廉。用了两只高阻值电阻串联作为触摸电极的保护电阻,充分考虑了使用者的安全问题。整个电路静态电流消耗极低。当然,作为实用电路,需要在 VT2 两端并联一个图 1 - 2 所示的定位指示灯电路,以方便夜间找到开关的位置。

2、使用氖泡的触摸延时电路

图1-2电路为一款使用氖泡作为稳压元件,同时作为定位指示灯的触摸延时开关电路。

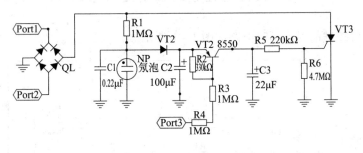

图1-2

工作原理浅析:当C1端电压上升到约80V左右时,氖泡起辉发光,为使用者夜间定位触摸电极提供光标。图中用三极管代替微触发小可控硅,三极管被触摸而导通。元件不同,但基本动作原理同图1-1。

元器件选用参考:C3、R5的值决定延时关断时间。电容器的耐压必须考虑大于100V,三极管的U_{eco}也必须大于100V。穿透也必须小,以免误触发。三极管的β值必须足够大,或者使用复合管才能被触摸而导通。

3、使用7555的触摸延时电路

图1-3为由CMOS时基电路7555构建的单稳态延时电路。

工作原理浅析:静态时,因为单向可控硅VT3关断,延时电路无电源而不工作,当有人触摸电极时,人体感应杂波触发三极管VT2导通,进而为单向可控硅VT3提供门极电流而导通。同时为延时电路接通电源。此时虽然人手已经离开触摸电极,但时基电路的3脚输出高电平,三极管VT1导通、VT2导通。维持了单向可控硅VT3的门极电流。随着R4对C3酌充电,当电压达到2/3Vcc时,时基电路输出端3脚发生翻转,输出低电平。三极管 VT1、VT2 截止,单向可控硅失去门极电流而关断。延时结束,灯泡熄灭。

　　元器件选用参考:此电路对三极管 VT2 的放大倍数、穿透和耐压有一定的要求,另外,稳压管要承受一定的负载电流,选用时需要注意。

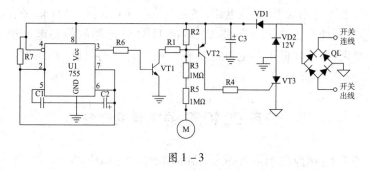

图 1－3

4、使用 CMOS4013 的触摸延时电路

CMOS4013 的触摸延时电路如图 1－4 所示。

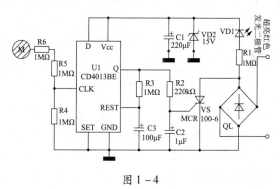

图 1－4

　　工作原理浅析:该电路使用了低功耗 CMOS4013 双 D 触发器。因为 D 输入端置高电平,选通端 SET 为低电平处于选通状态,复位端 REST 端通过电容器 C3 置低电平,此时,如果有人触摸触摸电极 M,其输出端 Q 跳变为高电平,一路经 R2 为单向可控硅 VS 的门极触发电流,使单向可控硅 VS 导通,照明负载得电发光。同时,Q 端输出高电平通过 R3 为电

3

容器 C3 充电,当此电压升到高于 1/2Vcc 时,D 触发器的输出端 Q 立即跳变为低电平,此低电平迫使单向可控硅失去门极电流而关断,另外,此低电平使 C3 通过 R3 进行放电,解除触发器的复位状态为下次触发做准备。

元器件选用参考:这款电路,网上有人将 R1 取值 82kΩ 似乎有些过小,静态功耗在 2mA 以上。将 R1 取值 1MΩ 使电路的静态电流控制在微安级别,显著降低电路的静态功耗。调节合适的阻值,并满足发光二极管的指示。

5、使用 CD4069 的触摸延时电路

图 1－5 电路使用了微静态功耗的 CMOS 门 CD4069。

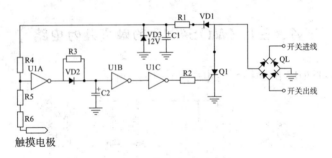

图 1－5

工作原理浅析:当有人触摸电极时,人体感应杂波使 U1A 输入低电平,输出高电平,二极管 VD2 正向导通对电容器 C2 迅速充电,大于1/2Vcc 时,后级非门连续翻转使非门 U1C 输出高电平,触发单控硅导通,负载得电工作,灯泡发光照明。

元器件选用参考:VD1 采用超亮发光二极管定位指示灯和隔离二极管。

上述 5 款电路,由于与人体接触的触摸电极未与市电隔离,所以保护电阻要做盈余处理,一定要保证 2 个以上高阻值电阻串联使用以确保万无一失。

6、重复式定时控制电路

重复式定时控制电路如图1-6所示。

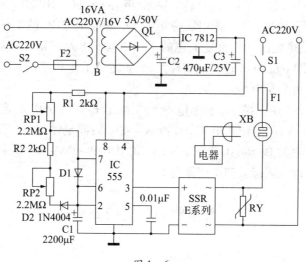

图1-6

工作原理浅析:图中时基集成电路IC 555与RP1、R1、RP2、R2、D1、D2及电容器C1等元件组成了一个无稳态电路,其输出端(第3脚)的高、低电平转换时间由电容器C1的充、放电时间决定,即可达到调整被控用电器的开启和关闭时间。在此电路中为了使电容器C1的充电和放电时间能单独调整而互不影响,故加入了二极管D1和D2。

合上开关S1、S2,用电器插入插座XB,AC220V电源供电,变压器B将220V变压为次级输出交流16V,经全桥QL整流,电容器C1、C2滤波,IC7812稳压输出+12V直流电源,供给IC555、R1、RP1……SSR等构成的控制电路。

在刚合上S1、S2时,因电容器C1两端的电压为0且不能突变,故此时IC555的2、6脚为低电平,3脚输出高电平,固态继电器SSR的直流输入控制端导通,使其输出交流受控端导通,用电器启动通电工作。与此同时,因IC的3脚为高电平,故其7脚也为高电平,二极管D1导通,D2

5

截止。电源通过 R1、RP1、D1 给电容器 C1 充电(充电速度由电位器 RP1 调整)。当 C1 充电至 2/3 电源电压(V_{CC} = 12V)时,IC 的 2、6 脚变为高电平,3 脚变为低电平,固态继电器 SSR 失去控制电压而截止,输出受控端断电,用电器停止工作。与此同时,因 IC 的 3 脚变为低电平,故其脚也变为低电平,二极管 D1 截止,D2 导通,电容 C1 通过 RP2、R2 放电,放电速度由 RP2 调整,C1 上的电压降至 1/3 电源电压时,IC 的 2、6 脚又变为低电平,整个电路又将重复上述的工作过程。电路正常工作后,即可在 RP1 和 RP2 的旋钮处进行时间标定,最长定时工作和停止时间分别约为 60min,最短时间为 5s。

元器件选用参考:固态继电器 SSR 采用 E 系列 SSR,额定输入电压 DC 3V ~ 14V;额定输入电流 AC 8mA ~ 40mA;额定输出电压 AC 23V ~ 420V;额定输出电流 AC 0.03A ~ 1A,AC 0.03A ~ 2A ~ AC O,1A ~ 100A。其他元器件按图标数值选用即可。

7、高精密电子定时器电路

高精密电子定时器电路如图 1 – 7 所示。

该电子定时器由一体化可编程时钟集成电路和大功率继电控制电路组成,可在 24h 内或一周内任意设置 14 组"定时开"和"定时关",无穷时间任意循环,实现对各种没有定时装置电器的定时控制。

工作原理浅析:由图可知,插头接 220V 市电,220V 电压经 R1、C1、R2、D1 ~ D4 和 C2、C3 组成的电容降压桥式整流滤波电路,由 R3、DW1、DW2 组成的并联式稳压电路进行稳压,得到的 24V 直流电压供继电器线圈。R0、LED1 组成的电源指示电路,得电点亮。当 IC 进入"定时开"程序时,IC 的 39 脚输出一高电平控制信号,经 R9 触发驱动执行管 Q2 的基极,使 Q2 饱和导通,继电器线圈 K 动作吸合,插座 L 接通输入,输出 220V 市电,同时,LED2 点亮,指示插座接通有电,定时器进入"定时开"状态。当 IC 进入"定时关"程序时,IC39 脚的输出高低电平均由 IC 内部程序控制,通过调节 AN1 ~ AN8 按键,可任意编辑时间程序,同时通过 LCD 显示器可显示相关时间程序。IC 的工作电压由 24V 直流电压经 R4、DW3 组成的稳压电路降为 3V 直流电压,经 Q3 组成的电子滤波器滤波后提供。C4 的作用是进一步滤掉干扰,保证 IC 工作稳定。当定时器的插头没有接入市电时,则由 BT 为 IC 提供维持电压,使 IC 内部时钟停电不停走,保证时间和程序不丢失。Q1 为供电装换管,当有 24V 直流电压时,Q1 截止,IC 由 DW3 供电,而当 24V 没有时,Q1 饱和导通,由 BT 向 IC 供电。主机耗电量极小,二节备用电池一般一年内无需更换。

元器件选用参考:电路元器件按图标数值选用即可。

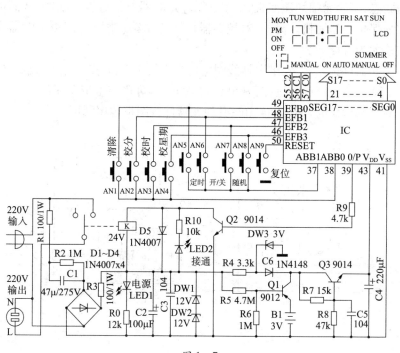

图 1-7

8、延时循环定时器电路

延时循环定时器电路如图 1-8 所示。

该电路主要由整流电路、整流电路、定时电路和集成电路 CD4541BE 等元器件组成。

工作原理浅析:该循环定时器启动时间可调,最长可达 2h,最短为

5min,且有延时5min启动的功能,尤其对冰箱(冰柜)更制冷设备最为实用,还带有快启按钮,如插上制冷设备需要马上启动,则按动快启按钮即可工作。该循环定时器还可达到节电的目的,如冰箱冰柜内食物减少时可调节启动时间按钮,使开机时间缩短,停机时间加长,这样既节约了电能,又对冰箱(冰柜)起到了保护作用,因为减少了起停次数。当冰箱(冰柜)正常使用时,电网突然停电,在不足5min又来电时,压缩机正处于高压状态,很容易损坏压缩机,由于该循环定时器有延时供电功能,从而可靠地保护了压缩机。另外,对控温器损坏的冰箱(冰柜),用该定时器作代换尤为方便。

元器件选用参考:继电器线圈电压为直流12V,触点电流5A,触点电压250V,单组触点一只;两只5kΩ可调电位(可用小型带旋钮的);IC为一只可编程定时器CD4541BE;其他元器件按图标选用既可。

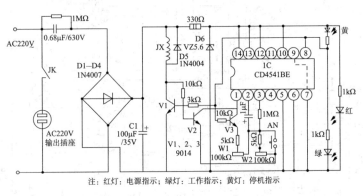

注:红灯:电源指示;绿灯:工作指示;黄灯:停机指示

图1-8

9、不同时间的定时器电路

不同时间的定时器电路如图1-9所示。

该定时器可用于对多种家用电器的定时断电控制,即可在任意设定的时间内对各种用电自动开、关控制。

工作原理浅析:市电经变压器B降压,由次级输出12V电压,通过整流、滤波后提供直流电压。由时基电路组成的单稳态延时电路,在开关

K闭合、按下按钮开关 AN 时,时基电路 NE555 开始工作,经 R1、C2 形成负触发脉冲信号从 NE555 第 2 脚输入,第 3 脚输出高电平,继电器 J 得电吸合,插座 X 有 220V 电源输出。同时,电源经设定的定时电阻对 C3 充电,使第 6 脚的电位不断升高。当第 6 脚的电压上升到 2/3V_{CC} 时,电路翻转并复位,使第 3 脚的电位由高电平跳变为低电平,继电器 J 断电释放,插座 X 无输出,延时结束,并完成定时断电过程。该电路延时时间的长短主要由电容 C3 和选定电阻的取值决定。

元器件选用参考:IC 选用任何型号的 555 时基芯片;B 选用小型次级 12V 的电源变压器;继电器 J 选用 JRX – 13 型直流继电器,额定工作电压为 12V;电阻均用 1/8W 碳膜电阻;C3 必须选用漏电极小的优质电容;D1 ~ D5 均为 1N4007 整流二极管,其他元器件照图标注选用,无需调试,便可投入使用。

电路中由 C3 及电阻 R2 ~ R5 组成的延时电路分别设定了 30min、1h、2h、3h 等四种定时时间。

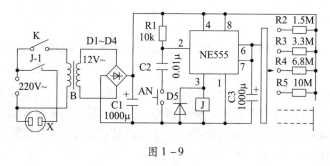

图 1 – 9

10、钟控简易定时器电路

钟控简易定时器电路如图 1 – 10 所示。

本例介绍利用小型闹钟起闹动作控制电路,使继电器动作,定时接通或者断开。

工作原理浅析:当 A、B 间断开时,继电器 KA 不动作,当 A、B 间短路时,KA 动作,触点 KA1 使插座 XS1 得电,KA2 使插座 XS2 失电,KA3 用于自锁,即使 A、B 断开,电路仍被锁住。

继电器 KA 用 JQ－4 型,吸合电压 9～12V,吸合电流 15mA。接触器 KM 用 CJ10－10 型,触点额定电流 10A,线圈吸合电压 220V。

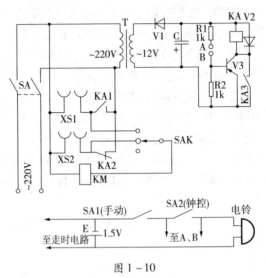

图 1－10

元器件选用参考:该电路元器件按图标数值选用即可。钟控按钮的制作:普通机械式闹钟取出机芯,小心取下秒针、分针、时针和钟面。这时可以清楚地看到红色的对时刻度盘,松开对时旋钮和锁紧螺母,即可抽出对时盘,同时可见到机芯架上铆有一条"L"形的钢质簧片,此簧片是用来控制闹锤锤柄的,而簧片在一个平面凸轮控制下定时弹跳。利用簧片做动触点,可制成钟控开关。用 15mm × 10mm 绝缘板钻二个 φ2mm 孔。一孔铆空心铜铆钉,用于焊接固定绝缘板,另一孔铆上小银触点或铜铆钉。固定时要使银触点正好对准弹簧片。分别从焊点及银触点引出细导线,接到固定在闹钟后盖的 φ2.5 耳机插座上。再用耳机插头与电路 A、B 点相连。最后按原样将闹钟装好。

11、霓虹灯光控定时电路

霓虹灯光控定时电路如图 1－11 所示。

该霓虹灯光控定时电路开关,能在天黑时自动接通霓虹灯广告牌的电源,同时开始计时,隔4小时或6小时(冬季)后,自动切断电源,直到第二天夜幕降临后再次通电,从而实现全自动无人控制。这种定时开关除用于控制霓虹灯外,还可用于控制普通广告灯、阅报栏照明灯和机关单位路灯等。

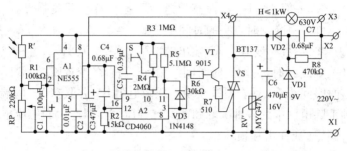

图 1-11

H 表示被控霓虹灯原有电路。整个电路由电源变换、光控开关、定时开关和交流无触点开关四部分组成。要使交流无触点开关接通(即 H 亮),必须满足光控和定时两个控制开关都接通这个条件,缺一不能成功安装。

工作原理浅析:由图可知,接通电源,220V 交流市电经 C7 降压限流、VD1 稳压、VD2 半波整流和 C6 滤波后,输出约 8.4V 直流电压,向 A1、A2 构成的光控和定时开关电路供电。时基集成电路 A1、光敏电阻 R′等元器件组成了光控开关,这里 A1 实际上接成了典型光控施密特触发器。白天,外界光线较强,R′呈现低电阻,A1 第 2、6 脚输出电压大于 $2/3V_{cc}$($V_{cc} \approx 8.4V$),其第 3 脚输出低电平,使后面的 A2 和 VT 未得电,不工作。VS 因无触发电流而阻断,H 不亮;晚上,R′失去外界光照呈高阻,使 A1 输入端电压小于 $1/3V_{cc}$,其输出端跳变为高电平,A2 及 VT 得电进入工作状态。

A2 是一片带振荡器的 14 位二进制串行计数/分频器集成电路,C4、R3~R5 与 A2 内部电路构成的振荡电路产生时钟脉冲。A1 的第 3 脚输出高电平瞬间,C4、R2 在 A2 第 12 脚产生一正峰脉冲,使 A2 自动清零,计数开始。此时,A2 第 3 脚输出低电平,VT 获得偏流并导通,VS 经 R7 获得触发电流而导通,H 通电发光。经过一段时间(定时时间)后,A2 第

3 脚输出的高电平经隔离二极管 VD3 加至脉冲输入端第 11 脚,使该端恒为高电平,振荡停止,电路状态一直保持到天亮 A2 断电为止。

电路中,R1、C1 组成抗光干扰延时电路,以防止夜晚瞬间光照(雷电闪光、车辆灯光等)干扰被控制器正常工作,由于 A1 构成的施密特触发器具有 1/3Vcc 回差电压,从而有效避免了被控灯在开关临界状态下的闪亮。霓虹灯每晚延时点亮的时间由公式 $t \approx 2.3N(R_3 + R_4)C_5$ 进行估算,N 为定时系数。该电路 A2 输出端选第 3 脚,N 为 8192,这样,当定时选择开关 S 断开时,每次定时时间约为 6h,适合冬季夜晚,当 S 闭合时,每次定时时间约 4h,适合夏季夜晚。压敏电阻 RV 并联在 VS 两端,它能有效地消除电网中的各种尖峰和霓虹灯升压变压器产生的感应电压,保护 VS 不因过压而击穿损坏。

元器件选用参考:电路元器件按图标数值选用即可。

12、厨房定时器电路

本例介绍的厨房定时器是利用数字电路制成,有控制方便,指示直观的优点,并且能根据需要进行 6 个不同时间的设定,电路如图 1 - 12 所示。

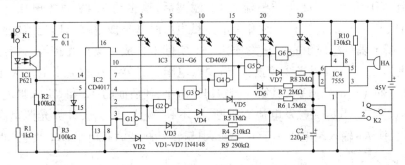

图 1 - 12

工作原理浅析:集成电路 IC2(CD4017)作为控制电路的主要元件,CD4017 是十进制计数器/脉冲分配器,当开关 K2 合到"1"时电路接通,这时,由于 R3C1 的作用,给 IC2 的 15 脚一个正的脉冲使电路复位,输出端 Q0 为高电平,其他输出端都为低电平,当按动开关 K1 时,光电耦合器

IC1 内的发光管导通发光,使内部三极管 c - e 极导通,给 IC2 的 14 脚(CP 端)一个正脉冲。每按动 K1 一次,输出一个脉冲(这里使用光电耦合器,目的是使脉冲产生更加可靠,避免误触发)。当 CP 端不断得到脉冲后,IC2 的输出端高电平不断地移动,先是 Q0(3 脚),然后是 Q1(2 脚)、Q2(4 脚)、Q3(7 脚)、Q4(10 脚)、Q5(1 脚),当 Q6(5 脚)为高电平时,它通过二极管 VD1 加到 15 脚复位端,使电路又回到初始状态,Q0 为高电平。

集成电路 IC4(7555)等元件组成一个定时电路。定时时间的长短决定于 6、2 脚电容上触发电压到来的快慢,而这个触发电压到来的快慢又决定于 RC 时间常数,由于 C 固定,这样就决定于定时电阻 R。这里设定定时时间为 3、5、10、15、20、30min,相应的电阻为 290kΩ、510kΩ、1MΩ、1.5MΩ、2MΩ 和 3MΩ。而电路 C(即 C2)不变,为 220μF。开始时,C2 上的电压较小,IC4 的 6、2 脚电压小于所设定的触发电压,故输出端(3)脚输出高电平,蜂鸣器 HA 得不到电压不发声。当达到定时时间时,IC4 的 6、2 脚达到触发电压,3 脚为低电平,HA 发声报警。由于电路工作电压比较低,在 3～4.5V,这里不使用双极型 555 集成电路,而是使用 CMOS 型 7555 集成电路。为了能使较小的电容产生较长的定时时间,在 IC4 的 5 脚接一只电阻 R10,这样就提高了触发电压,使定时时间更长,同时保证电源电压降低后定时时间不会发生变化。当定时结束后,开关 K2 合向"2",把电容 C2 上的电压放掉,为下次定时作好准备,同时切断电源。

二极管 VD2～VD7 的作用是为了电路定时的时候不使通过定时电阻加到 C2 上的电压通过其他定时电阻放掉。集成电路 IC3(CD4069)组成定时指示电路。当 Q0 为高电平时,非门 G1 输出为低电平,LED1 发亮,表示定时时间为 3min。当 Q1 为高电平时,非门 G2 输出端为低电平,LED2 发光,表示定时时间为 5min。其他定时指示情况相似。

元器件选用参考:该电路元器件无特殊要求,按图标数据选用即可。

13、双电子表定时供电电路(一)

双电子表定时供电电路如图 1 - 13 所示。

本例采用双电子表控制的定时供电电路,较方便与实用。

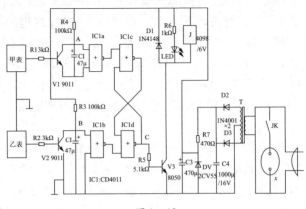

图 1－13

工作原理浅析:电子表甲提供供电信号,当甲表定时响闹信号到来时,从压电片两端引出的音频信号经 R1 使三极管 V1 导通,由 R1、C1 和 IC1a 组成的 RC 延时电路中的 C1 放电,A 点呈低电位,经 IC1a 反向输出高电平,触发由 IC1a 和 IC1d 组成的 R－S 触发器翻转,C 点呈高电位,经 R5 使三极管 V3 导通,继电器吸合,向插座供电,被控制器得电工作,同时 LED 点亮,指示供电。当响闹结束后,V1 截止,C1 停止放电通过 R1 向 C1 充电后恢复高电位,IC1a 反相后输出低电位。由于 R－S 触发电路的锁定功能,C 点维持高电位不变,被控制器继续工作。乙表提供关电信号,当乙表定时响闹信号到来时,以同样原理在 IC1b 输出端输出高电位。触发 R－S 触发器翻转复位。C 点呈低电位,V3 截止,继电器释放,LED 熄灭,被控电路关断,DW 和 R7、C3 组成简单稳压电路,为本装置提供电源。

元器件选用参考:电子表选用具有 24 小时循环制定时响闹功能电子表。IC1 选用四－2 输入或非门 CMOS 数字集成电路 CD4001B。C1、C2 和 C3 选用漏电小的电解电容。V1、V2 选 9011 或 3DG201;V3 选 8050、3DG12 均可。J 选用小型 6V 电磁继电器如 4098。DW 采用稳压值在 5V～7V 的稳压二极管,如 2CW55,变压器采用双 9V～12V 输出,功率为 2W 左右的电源变压器。其余元器件按图标参数选用即可。

14、双电子表定时供电电路(二)

双电子表定时供电电路如图 1-14 所示。由图可知该电路能对各种家用电器每天定时进行开合关的控制。

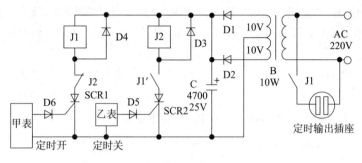

图 1-14

工作原理浅析:AC220V 经变压器 B 降压,再经二极管 D1、D2 进行全波整流、电容 C 滤波后得到约 14V 的直流电压,此电压加到晶闸管 SCR1 导通,继电器 J1 得电,其触点 J1 闭合,定时插座有电输出,同时 J1′触点闭合为 SCR2 导通做了准备,当定时到点时,乙表输出一个定闹脉冲(关),SCR2 导通,其触点 J2 断开,SCR1 截止,其触点 J1、J1′都断开,定时插座无电输出,SCR2 也因 J1′断开阳极失压而截止,J2 恢复闭合状态,电路又回到初始状态。

元器件选用参考:二极管 D1~D6 可用 1N4001,甲、乙两表要用具有定闹输出的电子表,如体育挂表、讲话电子表等,从压电蜂鸣片两端引出定闹信号,J1、J2 均用 12V 继电器,触发容量为 5A,晶闸管 SCR1、SCR2 用普通 3A 的即可。

15、双电子表定时供电电路(三)

双电子表定时供电电路如图 1-15 所示。

工作原理浅析:使用时按下 K1,电源经 B、D1、C1 降压、整流滤波后得到 6V 直流电。此时电源经常闭触点 J-3 使 J1 工作,J1 的常开触点

J1-1 闭合,电路自锁。此时放开 K1 后电路由于自锁而处于工作状态。当定时开机音频信号从 A、B 两端输入,经 D3、C3 整流滤波后触发晶闸管 SCR1,使得 J2 得电工作,J2 的常开触点 J-2 闭合,插座 W 得电,受控电器被接通。同理,当另一只电子闹表的定时关机音频信号从 C、D 进入后,经 D5、C4 整流滤波后触发 SCR2,J3 得电工作,J3 的常开触点 J-3 释放断开,J1 失电,从而使得 J1 的常开触点 J-1 也释放断开,整个电路停止工作。R1 为限流电阻,C2 为 J1 的启动电容,D2、D4、D6 为保护二极管。

元器件选用参考:B 用小型 12V 变压器,输出电流要大于 J1、J2、J3 工作电流的总和。J1、J2、J3 可用 6V 小型单刀继电器。J2 的触点电流可根据受控电器的功率而定。晶闸管用几十毫安的即可。

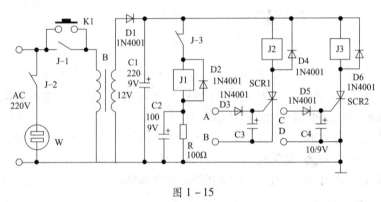

图 1-15

16、自动循环定时器电路

自动循环定时器电路如图 1-16 所示。

CC4060 是一款自带振荡和 14 位二级制技术/分频器的 CMOS 集成电路。其输出端 Q4~Q14 构成 16~18384 分频系数,利用该输出特性,可容易地设计各种用途的电子定时器。本例介绍的自动循环定时器电路原理简单,可靠性高,对振荡回路的电阻/电容稍作调整,或者改变 Q4~Q14 输出控制接线,即可获得所需的循环等待时间和工作动作时间。

工作原理浅析:电阻 R1、R2 及 C1 组成振荡回路,周期 $T = 2.2R_2C_1$。

R7、D1、J1 及 Q1 组成驱动电路,控制继电器触点的通/断。C3、C5、R3、Z1、RP1 等构成电容降压电路,提供 12V 的直流电源。

在电源接通以后,CC4060 的二进制计数器开始计数,前一级的下降沿触发后级,进行分频计数。

D2、D3、D5 和 R9 组成与门电路以获得循环复位的高电平,使计数器复位。重新进入下一个定时周期。定时器的等待时间为 $T_1 = T \times 2^{14}/2\mathrm{s}$,动作接通的时间 $T_2 = T \times 2^{10}/2\mathrm{s}$。一个循环周期的时间为 $T_1 + T_2$。

适当地选择 C1、R2 的参数可得到相应的振荡频率。定时器的等待时间和动作接通时间可相应改变。同时,可根据不同的需求,改变输出端(Q14)和其控制端(10),也可改变等待时间和动作接通时间,以及其占空比。

元器件选用参考:电路元器件按图标数值选用即可。按照图示参数,可制作出自动循环定时器来控制室内的排风扇。等待时间为 3h,动作接通时间为 20min。

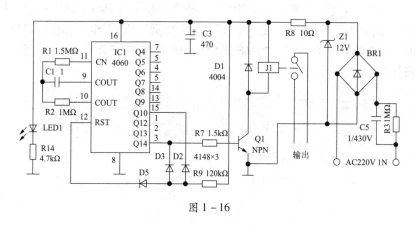

图 1 - 16

17、带闪光闹钟定时控制电路

带闪光的闹钟定时控制电路如图 1 - 17 所示。

工作原理浅析:由图可知,IC1 为被动式红外探测器件,该 IC1 在接收到人体的微弱红外光探测器,其内部电路工作,输出端 CP 为低电平,使输出端的晶体管 V1 导通,CP 端是高电平,晶体管 V1 成截止状态。

当电子表设定的报闹时间一到,则触发晶闸管 SCR 导通,集成块 IC2 得电工作,发出洪亮的"嘀嗒"军号声,发光二极管 LED 也会随"嘀嗒"声响同步闪烁发光,固态继电器 IC3 输出端也随之导通,灯泡也发出闪光信号。如果有人听到号声后,仍不起床。IC1 没有接收到人体活动发出的红外光信号,其 VT1 呈截止状态。开关 K 不动作,IC 仍然得电工作,催促起床。

一旦人体起床后,所产生的红外光信号被 IC1 接收,经内部电路处理后,CP 端呈低电平,CT1 导通,续电器 K 吸合,其常闭触点 S1 断开,切断了 IC2 的电源,其声光信号停止,常开触点 S2 闭合,按通照明灯电源,便于人起床穿衣,人起床后只要按下按钮开关 SB,切断供电电源,晶闸管 SCR 关断,整个电路又处于等待状态。

元器件选用参考:集成块 IC1 选用 RDP – 18 型被动式红外探测器件,IC2 选用 IKD – 5602 型模拟军号集成电路,IC3 选用 TAC018(1A) 固态继电器,晶闸管 SCR 用 MCR100 – 8 型单向晶闸管,K 用 JRX – 13F 型继电器,VT1 用 9015 型三极管,VT2 用 8050 型三极管,电阻 R1 为 1kΩ,R2 为 150kΩ,电容 C 为 120MF,YANGSHENGQI Bwi8Ω/0.2W。其余元器件参数按图中选用即可。

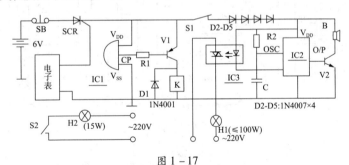

图 1 – 17

18、多功能电子钟电路

多功能电子钟电路如图 1 – 18 所示。

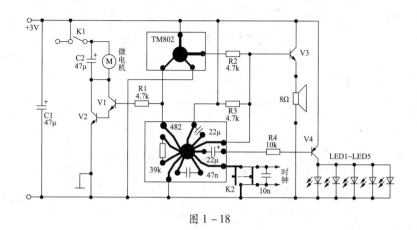

图 1 - 18

工作原理浅析:该电路需要配有一支现成的市售电子钟机芯,机芯两根导线连接至该电路标注时钟处,就可构成一只多功能电子钟。当K1 接通时,整点时机芯的分针与时针接触,门控集成块 482 输入低电平,使 482 的输出端由原来的低电平变为高电平,给音乐块 TM802 输入端一个触发信号,TM802 输出信号经 V3 放大,推动喇叭发出声响;另一方面高电平信号送到 V1 基极,经 V1、V2 组成的复合管放大,使微电机 M 得电而转动,通过机械传动机构,驱动小鸟动作。当音乐块 TM802 触发一次后,就会按事先储存的信号,进行打点,奏一段音乐,同时发出鸟叫声。在 V3 的基极端,TM802 音乐块的输出信号又返回到 482 门控集成块的另一个输入端。482 集成块输出信号经 R4 使 V4 导通,发光二极管随TM802 输出信号而闪烁发光。

当 K1 断开,复合管集成电极无电压,微电机 M 停止转动,TM820 音乐集成块输出端为低电平,不能驱动 V3 管工作,喇叭无声响,所以起到了停闹的作用。K2 为校准报时时间的微动开关。

元器件选用参考:TM802、482 采用市售软封装集成块。V1 ~ V3选用硅 NPN 型 9014 三极管,$\beta \geqslant 150$。V4 选用硅 PNP 型 9012 三极管,$\beta \geqslant 100$。LED1 ~ LED5 分别选用红、绿、蓝、黄、白色的发光二极管。微电视 M 可采用玩具电视。其他元器件无特殊要求,按图标数值选用即可。

19

19、延时式自停门铃电路

延时式自停门铃电路如图 1 – 19 所示。

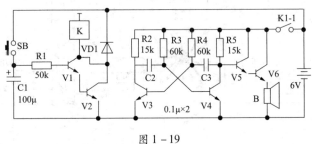

图 1 – 19

工作原理浅析:按下按钮 SB,电容 C1 迅速充电至 6V。晶体三极管 V1、V2 立即导通,继电器 K 吸合,其触点 K1 – 1 接通。

晶体三极管 V3、V4 组成自激多谐振荡器,V5、V6 组成功率放大器。电阻 R2、R5 为晶体三极管 V3、V4 的集电极负载电阻。电阻 R3、R4 为三极管 V4、V3 加正偏压。电容 C2、C3 交替充放电使三极管产生音频振荡,振荡信号由三极管 V5 和 V6 进行功率放大送至扬声器 B 发出响亮的声音,改变电阻 R3、R4 或电容 C2、C3 容量,能改变发声的音调。

当 SB 断开后 V1 的偏执电压是由电容 C1、电阻 R1 维持。随着时间的推移,电容 C1 上的放电电压越来越低,当低到不能维持三极管 V1 导通时,K 立即因失电而释放,K1 – 1 不同,电路停止工作。

电路中晶体二极管 VD1 的作用是防止在 V1、V2 截止的瞬间,继电器线圈产生的自感反电势击穿三极管。

元器件选用参考:晶体三极管 V1、V2、V3、V4、V5 选用 3DG6A 或者 3DG8A,电流放大倍数为 120,V2、V6 选用 3DG12B、电流放大倍数为 100 ~ 150。电阻均用 1/8W,阻值按图选用。电容 C1 用 CD11 型铝电解电容器,要求漏电小。该电路工作延时在 20s 左右。如果长时间延迟,可加大电容量,同时也要改变 R1 的阻值。电阻小,延时短;电阻大,延时长,根据需要来确定。电容 C2、C3 用瓷片或涤纶电容。继电器 K 选用 4100 型。扬声器选用功率为 0.25W ~ 2W 阻抗 8Ω 动圈式。SB 用按钮开关或者自己制作。VD1 选用 1N4001 整流二极管,耐压100V。

20、感应式自动门铃电路

感应式自动门铃电路如图 1 – 20 所示。

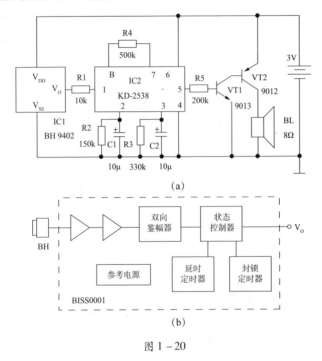

(a)

(b)

图 1 – 20

感应式自动门铃无需在门外安装门铃按钮,而是依靠人体感应来触发,当门外来客时,门铃会自动发出"叮咚"的响声,通知主人开门。它主要由热释电式红外探测头 BH9402 和"叮咚"门铃声集成电路 KD – 253B 组成。

工作原理浅析:热释电式红外探测头是一种被动式红外检测器件,能以非接触方式检测出人体发出的红外辐射,将其转化为电信号输出,同时他能有效地抑制人体辐射波长以外的红外光和可见光的干扰。BH9402 的内部结构如图 1 – 20(b)所示,它包括:热释电红外传感器、高输入阻抗运算放大器、双向鉴幅器、状态控制器、延迟时间定时器、封锁时间定时器和参考电源电路等。除热释电红外传感器外,其余主要电路均包含在一块 BISS0001 数模混合集成电路内。

"叮咚"门铃声集成电路 KD－253B 是专为门铃设计的,触发一次,可发出两声带有余音的"叮咚"声,且余音长短和节奏快慢均可调节。它还能有效地防止因日光灯、电钻等干扰造成的误触发。

如图 1－20(a),当有客人来到门前时,热释电传感器将检测到的人体辐射红外线转变为电信号,送入 BISS0001 进行两级放大、双向鉴幅等处理后,由其 2 脚输出高电平 V。信号触发 KD－253B 发出"叮咚"门铃声。

元器件选用参考:IC1 选用热释电式红外探测头 BH9402,IC2 选用门铃声集成电路 KD－253B,其余元器件按图标数值选用即可。

21、指触式音乐门铃电路

指触式音乐门铃电路如图 1－21 所示。

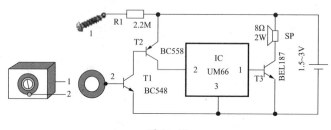

图 1－21

本文介绍的音乐门铃,当来客用手指碰触一只金属小圆环,喇叭便放出音乐。该电路无需电源开关,静态几乎不耗电。该门铃可在 1.5V 或 3V 电压下工作,适用于家庭或办公室。该电路主要由三极管 T1、T2 和集成电路 UM66 等组成。

工作原理浅析:由图可知,三极管 T1 的基极接至触摸用金属环,环的中心设有一颗接电源正极的木螺钉,它们均装在一只木质小盒的板面上。当来客用手指碰触摸环时,正电压通过 R1 和手指接通 1、2 触点,T1、T2 先后正偏导通,电源通过 T2 的 e、c 极加到音乐集成块 IC(UM66)第 2 脚,

IC 第 1 脚输出音乐信号,经 T3(BEL187)放大,驱动扬声器 SP 发声。

　　元器件选用参考:该电路元器件按图标数值选用即可。金属环的内径应比螺钉头部直径大 1 ~ 2mm。金属环可用胶水固定在木盒上,而螺钉旋入圆环中央,然后分别焊接引线接至电路的相关元器件处。木盒可安装在门外的门框上,其余元器件安装在电路板上,设在室内。

22、防盗式对讲门铃电路

　　防盗式对讲门铃电路如图 1 - 22 所示。

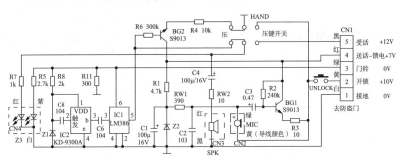

图 1 - 22

　　工作原理浅析:客人按下对应房号的门铃开关,CN1 的 3 脚送来直流电压,经 R11 分压后直接供给 IC1 工作电压;经 R5 降压后,由 Z3 指示工作状态;又经 R8 降压、Z1 稳压得 3V 电压做音乐片 IC2(KD - 9300A)的工作电源,同时由 C8 完成触发,IC2 产生门铃呼叫信号,输入到音频功放 IC1(LM386)进行放大,由 5 脚输出,经压键开关、C4、RW2 输送到耳机发声,完成门铃呼叫。三极管 BG2 的作用是向客人回送门铃信号,在响铃时,IC1 输出的门铃信号经 BG2 放大后,从集电极输出至 CN1 的 4脚,供客人监听振铃情况。

　　主人听到客人的呼叫后,拿起听筒,压键开关装换状态,话筒(MIC)负荷和 BG1 的发射极接地,同时二级电路也通过压键开关接 CN1 的 5脚。CN1 的 4 脚在主机交直流分离电路的作用下,发挥两个作用,一是给话筒和话筒放大器供电,二是将话筒放大器输出的话音信号输送到主机(大门端),供门外客人听话。CN1 的 4 脚送来的主流电压经 R1 降压、

C1 滤波、Z2 稳压、RW1 调整后供话筒电源,话筒产生的话音电流经 C3 耦合、BG1 放大,从集电极输出至 CN1 的 5 脚,通过耳机发声,完成通话动作。

主人判明客人的身份后,按下开锁开关"UNLOCK",防盗门的电磁铁动作,门被打开。客人进门后,防盗门依靠弹簧的作用,再次将门关上。主人放下听筒,压键开关压下,恢复收铃状态。

元器件选用参考:电路元器件按图标数值选用即可。

23、不用电池的双门铃电路

不用电池的双门铃电路如图 1 - 23 所示。

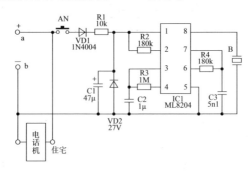

图 1 - 23

该电路利用电话入户馈线提供的 48V(或 60V)直线馈电做电子门铃的工作电源是经济实用的。

工作原理浅析:图中电路是常规的电话机振铃电话的变型。a、b 分别是电话机入户线的正、负端。AN 为常开型门铃按钮,在电话候机时,按下 AN,程控交换机提供的 48V(或 60V)电压,直线馈电经 VD1、R1 对电容 C1 充电,当 C1 端电压 Vc 达到 IC1 的起控电压时,IC1 起振送出双音电子铃流使蜂鸣器 B 发声,告知主人有客来访。而当电话机正在使用时,则图中 a、b 之间的电压比较低达不到 IC1 的起控电压,此时,即使按下 AN 门铃按钮也不工作,这是因为由于 R1 取值较大,远大于电话机的阻抗。故 AN 按下时对电话机的正常通话无影响。也对程控交换机无不良影响。仅在使用门铃时对其间打入的电话遇忙。

元器件选用参考:该电路元器件按图标数值选用即可。

24、声调可变的双声门铃电路

声调可变的双声门铃电路如图 1-24 所示。

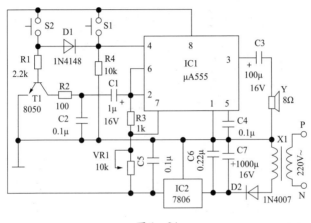

图 1-24

工作原理浅析:本例电路设计与普通门铃电路有所不同,它能发出两种不同声调的声音。该电路用一只时基电路 μA555 接成多谐振荡器。当按下开关 S1 时,电路的振荡频率由 C1、C2 的串联值和 R3、VR1 共同设定在 1.5kHz 左右,此时扬声器发出的声音频率较高。当按下开关 S2 时,三极管 T1 导通,由于 C2 被短路,由 C1 设定的振荡频率约为 150Hz,扬声器发出低频声音。

元器件选用参考:该电路元器件按图标数值选用即可。该双声门铃可作为同一楼层两家住户的门铃系统,门铃的两个开关 S1 和 S2 可安装在各自的家门上。电路中其他元器件安装在一块印制板上,并装入音调控制器 VR1,在电源开关打开之前,调节 VR1 至大约 5kΩ 处,即 VR1 的中心位置。另外,VR1 最好用微调电位器,以便安装。

25、声光闪烁的双音门铃电路

声光闪烁的双音门铃电路如图 1 – 25 所示。

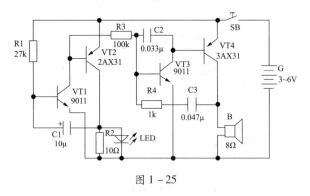

图 1 – 25

工作原理浅析:该电路主要由两个频率不同的振荡器组成。由图可知,三极管 VT3、VT4 组成我们熟悉的互补型自激多谐振荡器。若将电阻 R3 的左端接电源正端,按下开关 SB 后,扬声器即能发出响亮的"嘟—"音频响声。但 R3 的左端现接在 VT1 的集电极上,因此,VT3 和 VT4 组成的音频振荡器将受到 VT1 与 VT2 组成的超低频振荡器调制。

VT1 与 VT2 构成一个典型的互补型振荡器,但其反馈电容 C1 容量取得较大,故振荡频率很低仅 10 余 Hz,所以起振时串接在 VT2 集电极回路里的发光二极管 LED 就会发出阵阵闪光,同时还对 VT3、VT4 组成的振荡器进行调制,使扬声器 B 发出悦耳动听的"嘟哩、嘟哩"双音声。

元器件选用参考:VT1、VT3 用 9011、9013 型等硅 NPN 三极管,$\beta \geqslant$ 100;VT2、VT4 最好采用 3AX31B 型等锗 PNP 三极管,$\beta \geqslant 30$ 即可。LED 可用普通 ϕ5mm 圆形红色高度发光二极管。

电阻全部采用 RTX – 1/8W 型碳膜电阻器,C1 用 CD11 – 10V 型电解电容器,其余电容可用 CT1 型等瓷介电容器。

SB 为门铃按钮开磁。电源 G 用 5 号电池 2～4 节,电源电压愈高,门铃发声音量就愈大,可视实际需要确定。B 可用 YD57 – 2 型等 8Ω 小型电动扬声器。

该电路一般不用调试,通电即能正常工作。若嫌音色不够理想,可以适当调整电阻 R1 或 R3 的阻值。调整 R1 阻值将改变超低频振荡器的振荡频率,会使双音声的间隔时间及发光管的闪烁节律发生变化。调整 R3 的阻值则可改变双音声"嘟——"声音的音调高低。

26、编码式双控门铃电路

编码式双控门铃电路如图 1 - 26 所示。

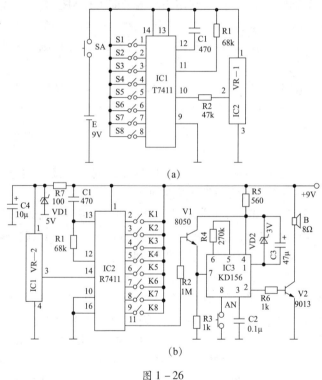

图 1 - 26

本例采用编码发射遥控电路,抗干扰性强,具有一定的保密性。它的最大特点是能区分来人的身份,家人可通过编码射频技术遥控门铃,这时门铃发出鸟叫声;外人使用按钮触发门铃,门铃则发出带余音的"叮咚"声。

27

工作原理浅析：该门铃发射、接收电路分别如图(a)、图(b)所示。图中，T7411为编码IC，R7411为解码IC。T7411采用DIP14脚封装，其第1~8脚为8位编码端，因各脚内部接有下拉电阻，故其引脚悬空时相当于逻辑"0"状态，通过这8个引脚的高低不同电平的组合可以获得$2^8 = 256$种编码状态；第11、12脚为本机振荡器阻容设置端；当编码允许发送端第13脚为高电平"1"时，编码输出端第10脚将有串行编码数据输出，其占空比为1：1。R7411为DIP16脚封装，其第14脚为串行数据输入端，当其地址端第2~9脚的8位高低电平设置与T7411编码状态相同时，第11脚便输出高电平，利用该高电平即可控制相关的负载设备。

KD156为软封装的双音门铃专用集成电路，当其第7脚输入高电平时，第2脚输出鸟鸣声信号；当其第8脚输入低电平时，则输出带余音的"叮咚"声信号。

图(a)电路中，将T7411的编码端第1、2、3、4脚置高电平"1"，其余第3、5、7、8脚置低电平"0"。当按遥控按钮SA后，+9V电源对发射电路供电，T7411第10脚输出串行编码数据，对VR-1内的高频振荡器进行调制发射，遥控距离可达80m。

遥控门铃接收电路如图(b)所示。它由编码信号接收、解调、放大电路、解码电路和双音频信号发生电路等组成。IC2第12、13脚外接元件R1和C1设置了与T7411相同的本机工作频率，可见地址端K1~K8与T7411的编码地址设置完全一致。当IC1(VR-2)接收到遥控编码信号后，其第3脚输出已调信号送至IC2第14脚，经IC2内部多次比较识别，确认为有效信号后，其第11脚就输出高电平。

在IC3、V1、V2组成的双音频信号产生电路中，R2、V1等组成鸟鸣触发电路；按钮AN为"叮咚"声触发开关；R4、C2为KD156的外接阻容元件；IC3第2脚输出信号经V2放大后，驱动扬声器B发声。R5、VD2、C3组成简单稳压电路，为KD156提供3V工作电压。

元器件选用参考：图1-26(a)电路中，SA和AN均为普通型常开式按键开关。S1~S8采用8位拨码开关，可直接焊接在印制电路板上。电源E采用23A型9V打火机电池。VR-1为射频模块。T7411为编码集成电路。

图1-26(b)电路中，IC1为VR-2型无线接收模块，与发射模块

VR - 1 配对使用。IC2 为 R7411 型译码集成电路,与 T7411 配对使用。IC3 为 KD156 型双音门铃集成芯片。K1 ~ K8 与 S1 ~ S8 相同。V1、V2 分别为 8050、9013 型晶体三极管,要求 β 值大于 60。其他元器件无特殊要求,按图标数值选用即可。

27、可编程音乐门铃电路

可编程音乐门铃电路如图 1 - 27 所示。

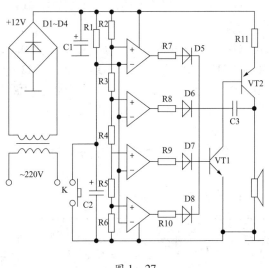

图 1 - 27

工作原理浅析:由图可知,该门铃使用一片四运放集成电路 LM324 并将其中的四个运放都接成电压比较器形成,比较器的阈值电平由R2 ~ R6 分压后确定。各比较器的反向输入端都接到电容 C2 的正端,K 为门铃按钮,按一下 K,C2 经 K 迅速放电,此时 C2 端电压为零,经比较器比较后,四只比较器都输出高电平,并通过二级管 D5 ~ D8 作用后续音频振荡器,使由 VT1 和 VT2 组成的互补管型振荡器起振,音频信号通过扬声器发声,按文中所给元器件数据,此时扬声器发出"3"音。随着充电的进行,C2 端电压逐渐升高,当 C2 端电压高于由 R6 所设定的阈值时,最下面的比较器输出低电平,电阻 R10 和 D8 从音频振荡器中脱离,此时扬声

29

器发出"1"音。此后,C2 端电压继续升高,同样道理,R9 和 D7 将从音频振荡器中脱离,此时扬声器发出"7"音。然后是 R8 和 D6 从音频振荡器脱离,扬声器发出"5"音。当 C2 充满电后,最上面的比较器输出低电平,R7 和 D5 从音频振荡器中脱离,音频振荡器停振,扬声器停止发声。当再次按一下 K 时,扬声器再次发出"3—1—7—5—",然后关断。

该电路的 R1 和 C2 决定了扬声器发音的总时间,R2～R6 决定了每个单音的发音时间,R7～R10 实际上是音频振荡器的定时电阻,它们决定了声音的频率,需仔细调试。门铃的声音可以按"1、2、3……"的音律顺序发,也可以高低音随意搭配。本例用一片 LM324 制作八音门铃,以获得奏一段完整乐音的效果。

元器件选用参考:C1 为 200μF,C2 为 47μF,C3 为 0.22μF,D1～D8 为 1N4002,VT1 为 9013,VT2 为 3GG21,R1 为 85kΩ,R2 为 62kΩ,R3 = 43kΩ,R4 = 33kΩ,R5 = 12kΩ,R6 = 1kΩ,R7 = 100kΩ,R8 = 1MΩ,R9 = 811kΩ,R10 = 154kΩ,R11 = 200Ω,IC 为 LM324,K 为轻触开关。

28、红外线自动门铃电路

红外线自动门铃电路如图 1－28 所示。

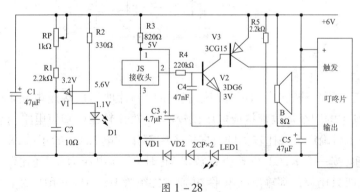

图 1－28

工作原理浅析:由单结管 V1、RP、R1、C2、R2、D1 构成一个 38kHz 的红外光发射电路。当 D1 发出的红外光直射红外接收头 JS 的接收窗口时,JS2 脚输出接近 0V 的低电位,此时 V2、V3 截止。叮咚片无声。一旦有人通过 D1 和 JS 之间时,红外光被阻挡,JS2 端电位升到 4.2V,此电位经 R4 后,使 V2 导通,V3 也导通,叮咚片触发端得电响起叮咚声,每触发一次响 3 遍叮咚声。

元器件选用参考:V1 可用 BT33 单结管,C2 用薄膜电容,D1 和 JS 用彩电遥控的红外发射管及接收头。LED1 用 φ5mm 的红色发光管,兼作电源指示和与 VD1、VD2 一起组成简单的 3V 稳压。C1、C3、C5 的耐压可用 6.3V 的。

29、夜晚禁响门铃电路

夜晚禁响门铃电路如图 1 – 29 所示。

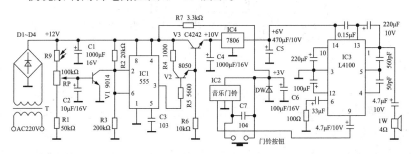

图 1 – 29

该门铃电路是白天自动开启、晚上关闭的(市电供电)门铃。具有铃声响、省电、可靠性高、无误报、无干扰的特点。

工作原理浅析:电路由电源电路、开关电路、光控电路、音乐门铃电路及功放电路组成,电源电路由变压器 T1、D1 ~ D4、C1 等组成。通电后在电容 IC1 两端可获得 12V 直流电压供时基电路 IC1(555)工作。12V 电压一路经 R7、DW、C6 稳压成 3V 直流供软封装音乐门铃 IC2,另一路经用作电源功率开关的 V3、三端稳压器 IC4(7806)为功放集成电路 IC3(4100)提供稳定的 6V 电压。

光控电路由时基电路 IC1、V1、V2、R9、RP、R1 ~ R5、C2、C3 组成,白天 R9 在光照下呈低阻性,V1 导通,时基电路 IC1 的 2、6 脚低电平,3 脚高电平,V2、V3 导通,功放 IC3 有工作电压,按铃有效。夜间则反之,按

31

铃无效。

元器件选用参考:此电路白天的工作电流 20mA 左右,夜里小于 10mA,闹铃时 150mA。电路中时基电路、软封装门铃芯片、三端稳压器、功放集成电路均为常用易购元件,按图标数值选用即可。

30、出门提示电路

出门提示电路如图 1 – 30 所示。

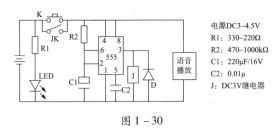

电源DC3~4.5V
R1: 330~220Ω
R2: 470~1000kΩ
C1: 220μF/16V
C2: 0.01μ
J: DC3V继电器

图 1 – 30

工作原理浅析:电路包括延迟断电及语音播放两部分。延迟断电以 555 电路为核心构成。当按下开关 K 时,555 集成块供电,2 脚被触发,3 脚输出约 3V 电压,继电器 J 工作,JK 接通,形成自锁状态,为语音播放部分供电。随着电容 C1 充电电压升高,约 3min 延迟后,6 脚被触发,输出状态翻转,继电器断电释放,语音播放部分断电停止工作。LED 为供电状态指示,K 开关可用门铃按钮。语音播放可用普通的 MP3,需外加一级功放用于驱动扬声器(8n 小型动圈式),也可用 MP3 播放音箱,根据需要录制内容,比如,请检查煤气、太阳能供水,别忘带钥匙。出门时按一下开关按钮,问题即可解决。

元器件选用参考:该电路元器件按图标数值选用即可。

31、钟控语音提示电路

多功能钟控语音提示电路如图 1 – 31 所示。

电路巧妙地利用虚线框内万年台历电路所产生的"闹铃"信号作为单向晶闸管 VS 的触发信号,进而控制语音录放模块 A 自动播放出事先已录制好的提醒语。万年台历电路与提示器电路之间通过插座 XS 与插头 XP 接通;在 XP 插入 XS 时,万年台历电路原有的报时、响闹喇叭 BL 自动松开,使其不干扰提醒器工作。

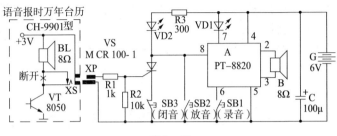

图 1 - 31

工作原理浅析:当按下录音键 SB1 不松手时,A 的 6 脚获得低电平触发信号,发光二极管 VD1 点亮,表示电路进入录音状态。由于 A 模块采用了独特的双向模拟 I/O 语音转录技术,所以,这时对着扬声器 B 讲话,A 即自动录入有关提醒语音。手松开 SB1 按键,VD1 熄灭,录音结束。该电路最多可录入 20s 语音,如果录音超过 20s,则 VD1 自动熄灭,表示语音录满。每当万年台历电路按事先设定好的响闹时间送出"铃流"信号时,VS 受触发导通,放音指示灯 VD2 点亮,A 的 8 脚获得低电平触发信号,扬声器 B 即反复播放已录制语音,直到按动一下闭音按键 SB3 位置。SB2 为放音按键,A 的 8 脚获负脉冲触发信号,B 只播放一遍已录制的语音,主要用于试听录制语音或在做"家庭留言盒"、"小学生语音复读机"时放音用。

元器件选用参考:A 选用 PT - 8820 型"傻瓜"式语音放模块,VS 用 MCR100 - 1 或 BT169、2N6565 型小型塑封单向晶闸管。VD1、VD2 分别用直径为 5mm 的红色和绿色发光二极管。R1、R2 用 RTX - 1/8W 型碳膜电阻器。C 用 CD11 - 10V 型电解电容器。B 用 8Ω、0.1W 小口径动圈式扬声器。SB1、SB2 用 6 × 6(mm) 小型轻触按键开关,SB3 用小型常闭式自复位按键开关。SB2、SB3 也可用一个小型 KWX - 2 微动开关(有一组转换触点)来取代。XP 用 CSX2 - 3.5 型小插头,XS 用与其配套的 CKX2 - 3.5 型小插座。G 用四节 5 号干电池串联而成。

万年台历选用公历、农历 100 年语音报时报温电脑型万年历。使用前,打开后盖,在适当部位开一直径为6mm的小孔,安装插座XS,并按图所示断开机内喇叭引线一端,用导线接通XS与机内电路。

使用时,首先在提醒器盒中录制好有关语音,并按所需在万年台历上设置好报闹时间;将XP插入XS内,提醒器便可准时发出提醒语音。如果设定时间到后,VD2不发光、B无声,问题大多出在万年台历输出的"铃流"信号不能正向触发VS导通上(即极性不对),只要对调一下XP接线即可。

32、信箱电子显示提示电路

信箱电子显示提示电路如图1-32所示。

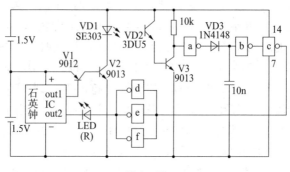

图1-32

将该电路制作好安装于信箱内,只要信箱内有信件就会发出闪烁显示。

工作原理浅析:图中使用了一块石英钟里面的集成电路,从驱动步进电机的一个输出端取出0.5Hz,脉宽为31.25ms的负脉冲信号,使V1、V2导通控制红外发射管VD1发出0.5Hz的频率输出高电平,经VD3对电容充电为高电平,再经非门b和c及非门d~f并联反相输出为低电平,发光二极管LED熄灭。当有信件投入信箱后将VD1所发红外光阻隔,光敏管VD2不接受而截止,使V3也截止,非门a输入一直为高电平,输出为低电平。非门d和c并联输出能增加驱动发光二极管的能力。再者,发光二极管负极未接地而截止石英钟IC驱动步进电话机的另一输出端,所以发光二极管也以 0.5Hz 频率闪烁,既节约电能又能令人注目。

　　元器件选用参考:该电路元器件按图标数值选用即可。cmos 六非门电路宜选用 74HOC04 型的。发光二极管选用 φ3mm 高亮度的,石英钟 IC 为任何家用的都行。制作是从石英钟内电池正负两端引出接入图中,并从驱动步进电机的两个输出端,也就是石英钟机芯内的一只大线圈两端焊点引出,再接入图中即可。红外发射管 VD1 与光敏管 VD2 稍拉开一段距离,以使有信件投入后能将红外光隔离。发光二极管 LED 可装在信箱正面以利观看。

33、信箱开启通知提示电路

信箱开启通知提示电路如图 1 – 33 所示。

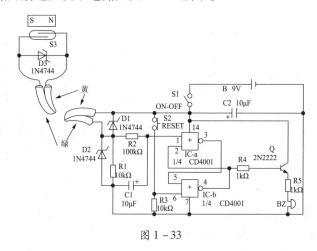

图 1 – 33

　　将本例的信箱开启通知器装在远处的邮箱内,如果有邮差开启信箱放入邮件,该装置会立即报警。

　　工作原理浅析:装在邮箱中的干簧管 S3 为常闭型,当其靠近装在邮箱门上的磁铁时,开关断开,该信号通过控制由两个 CMOS“或非”门组成的触发电路,触发压电蜂鸣器 BZ 报警。触发后,若按复位开关 S2,可使触发电路复位并且关断蜂鸣器。长期不用时可断开开关 S1。

为保护干簧管 S3,在其两端跨接了 15V 的稳压管 D3。稳压管 D1 和 D2 用于保护 IC,防止静电和反向脉冲电压进入 IC 造成 IC 损坏。

由 C1 和 R2 组成的低通滤波器有两个作用,一是防止干扰脉冲误触发电路;二是在开启信箱门时有约 3/4s 的延迟,以便开启信箱取出邮件时,不会触发蜂鸣器。

元器件选用参考:该电路元器件按图标数值选用即可。

34、来客敲门提示电路

来客敲门提示电路如图 1 – 34 所示。

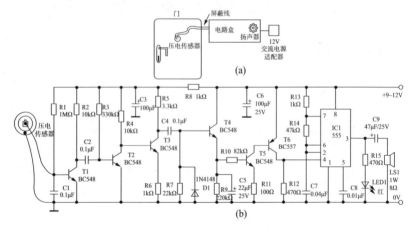

图 1 – 34

该电路与压电传感器结合使用,可用来检测指示有人敲门,也可用于钱箱保护和摩托车防盗告警。

先将压电传感器用胶合剂贴附于大门门板上,如图(a)。压电薄板可将敲门的机械振动变换成电压的变化。由于它不像话筒那样可对附近的声音信号作出响应,因此可避免敲门声以外的其他嘈杂声引起的虚假触发。

工作原理浅析:传感器将监测到的振动信号变换到电信号后,经 1 ~ 1.5m 长的屏蔽线送至警报指示电路(图(b)),然后经 T1 ~ T3 放大,放大后的信号在 C4、R7、D1、T4、R9 和 C5 组成的网络整流、滤波后变成低电平的直流信号,再经 T5、T6 放大后最终加至 555 多谐振荡器 IC1 的复位脚 4。只要 T6 集电极电位变高,多谐振荡器 IC1 就被激活,其输出脚 3 使扬声器 LS1 发出警报,同时驱动红色发光二极管 LED1 发光,指示有人敲门。警报指示的持续时间由 C5 大小决定,C5 为 22μF 时持续时间可维持 10s。改变 C5 可改变维持时间。

元器件选用参考:电路电源可采用直流输出电压为 9V ~ 12V 的交流电源适配器。电路中采用的压电传感器薄板与普通压电薄片相同。

35、光电催醒提示电路

光电催醒提示电路如图 1 - 35 所示。

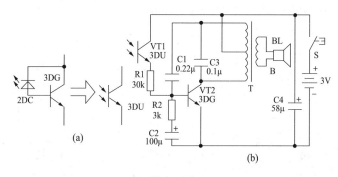

图 1 - 35

将光电催醒提示器安装在玩具小鸟的底座里,晚上放在阳台上,早晨天亮后光敏器件受光照射,使玩具小鸟发出阵阵鸟叫声。

工作原理浅析:图 1 - 35(b)是光电催醒器的电路图。VT1 是光敏三极管,与电阻 R1 一起作为光控元件构成一个间歇式电感三点式振荡器。振荡频率由变压器初级线圈电感和电容 C3 决定,约为 1000Hz;间歇频率由 R2、C2 充放电电路决定,约为 1 ~ 5Hz。无光照时,光电三极管 VT1 截止,电路停振,扬声器无声,当天亮后,有光线射到三极管 VT1 的窗口时 VT1 的漏电流(光电流)剧增,也就是 VT2 的基极偏置电流剧增,于是电路起振,产生间歇的音频振荡信号,经变压器 T 耦合至扬声器,发出间歇的类似鸟叫声。

元器件选用参考:光敏三极管,目前普遍使用的是3DU型NPN光电三极管,可等效为光电二极管与普通三极管的组合,如图1-35(a)所示;较长的管脚是发射极e,另一脚是c,光电三极管可以用万用表R×1kΩ档来测量,红表笔接e极、黑表笔接c极,光照时阻值约为15~30kΩ,无光照时阻值应为"∞",表针偏转差别越大,说明其灵敏度越高。元器件数值见表1-1所示。

表1-1　光电催醒器元器件表

代号	名称	型号规格	单位	数量
VT1	光电三极管	3DU54	只	1
VT2	NPN三极管	$9014, \beta \geqslant 60$	只	1
T	振荡变压器	晶体管收音机用推挽输出变压器	只	1
C1	耦合电容	CL,0.22μF/63V	只	1
C2	定时电容	CD11,100μF/6V	只	1
C3	振荡电容	CL,0.1μF/63V	只	1
R1	碳膜电阻	RTX—0.125/30kΩ	只	1
R2	碳膜电阻	RTX—0.125/3kΩ	只	1
S	开关	按钮开关	只	1
C4	电解电容	CD11,58μF/6V	只	1
BL	扬声器	8Ω/0.5W	只	1

36、衣服烘干提示电路

衣服烘干提示电路如图1-36所示。

本例衣服烘干提示器主要由IC1(4060)、IC2(4081)等组成。

工作原理浅析:4060为14位二进制串行计数器,4081为四2输入与门。该提醒器主要通过检测置于烘箱内的热敏电阻阻值来发出提醒信号,可以通过发光二极管D亮灭和蜂鸣器发声来判断。随着温度的升高,热敏电阻 R1(ORP12)阻值增大,IC1 第 12 脚复位端电位降低,IC1 计数器启动。R4、C1 和 IC1 第 10、9 脚内电路产生的约 35Hz 方波开始计数。每 7 个方波脉冲发光二极管 D 闪亮一次,约 9 个方波脉冲第 7 脚输出一个高电平脉冲,每 2、5 个方波脉冲第 3 脚输出一高电平,当出现第 22、5 个方波脉冲时,IC1 第 3、7 脚输出的高电平同时送至 IC2 第 1、2 脚,从而使 IC2 第 3 脚输出高电平,三极管 TR1 导通,蜂鸣器 WD 发出报警声,提醒衣服已干。当烘箱内温度较低时,R1 阻值较小,IC1 第 12 脚为高电平使 IC1 复位,计数器停止计数。

该衣服烘干提醒器的报警持续时间约为 6min,可以通过调节电容器 C1 或电阻器 R4 的值改变其报警时间。

元器件选用参考:电路元器件按图标数值选用即可。

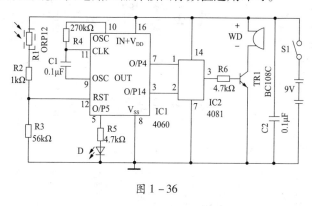

图 1－36

37、下雨告知提示电路

下雨告知提示电路如图 1－37 所示。

图 1－37(a)中 A、B 两端接入一个电极装置(构造见图 1－37(b)所示),它可用直径约 1mm 的漆包线(去掉外层绝缘并镀上一层焊锡)焊接而成,然后固定在环氧树脂板上,两漆包线的间距为 1～2mm,整个电极的具体尺寸可根据使用情况确定。或可用环氧铜箔印制板刻制成图(b)所示的电极,刻好后在铜箔上镀一层焊锡再接入图 1－37(a)的 A、B 两端即可。

工作原理浅析:接通电源开关 S,下雨时电极装置的相邻导线或铜箔间遇水导通,使 A、B 两端等效连通,三极管 V 获得正向偏置电压而导通,进而触发晶闸管 VS 导通使蜂鸣器 HA 得电发声,发光二极管 VD 得电点亮。

元器件选用参考:VS 选用小型(BT151 型)塑封式单向晶闸管(0.5A/50V),HA 也可选用工作电压 DC6V 的电子门铃。

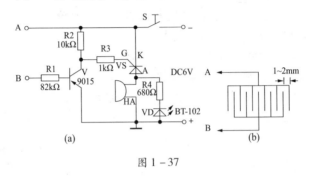

图 1 - 37

38、双音乐停电来电告知电路

双音乐停电来电告知电路如图 1 - 38 所示。

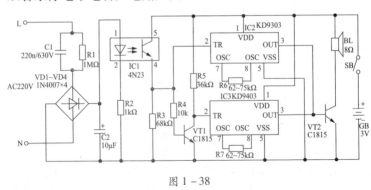

图 1 - 38

工作原理浅析:IC1 是光电耦合器,IC2、IC3 为 PCB 软封装的音乐 IC,均为高电平触发,触发一次放一次音乐,放完后自停进入守候状态,静态电流 <5mA,故该电路在静态时几乎不耗电。

C1、R1、VD1～VD4、C2 组成电容降压整流滤波电路,在初始通电或停电后又来电时,IC1 发光二极管发光,光敏管受光导通,IC2 的 2 脚被 IC1 的 4 脚输出的高电平触发,IC2 的 3 脚输出的音乐信号经 VT2 驱动扬声器 BL 播放音乐,播放完毕后自停,并做好再次被触发的准备。与此同时,IC1 的 4 脚输出的高电平使 VT1 导通,将 IC3 触发端 2 脚钳位于低电平,保证 IC3 不被误触发。

交流市电停电时,IC1 内 LED 失电不发光,光敏管截止,4 脚被 R3 下拉为低电平,VT1 截止,IC3 的 2 脚经 R5 获高电平触发,并经 BL 播放另一种音乐,告知停电,播放完毕自停。与此同时,IC2 的 2 脚为低电平使其停止工作。

元器件选用参考:该电路元器件按图标选用即可。该电路巧妙地利用音乐集成电路 IC2、IC3 触发一次,播放一遍音乐后自停转入静止的特点,省略了定时器,使电路简化。

39、声光停电来电告知电路

声光停电来电告知电路如图 1-39 所示。

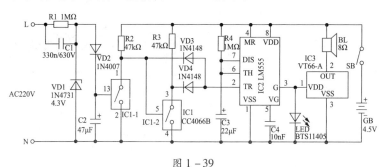

图 1-39

工作原理浅析:IC1-1、IC1-2 是四模拟电子开关 CC4066B 中的两个开关,控制端加高电平开关导通,加低电平开关关断。IC2 为单时基电路 LM555,接成单稳态定时工作模式,控制停电或来电时,声光告知时间,一般按 $t = 1.1 \times R_4 \times C_3$ 进行估算,这里 $t = 24$。在暂态定时时间内,IC2 的 3 脚输出高电平,频闪发光管 BTS11405 产生频闪,音乐三极管

VT66 - A（IC3）播放音乐，直至定时结束 IC2 的 3 脚翻转为低电平为止。IC2 应选用双极型，不能使用 CMOS 型，由于 IC3 内含输出驱动管，输出功率不小于 3mW，可直接驱动小功率(0.25W)扬声器 BL。

C1、R1、VD1、VD2、C2 组成电容降压稳压电源，在刚通电或停电后又来电时，电子开关 IC1 - 1 控制端 10 脚加有约 4V 的高电平使其导通，VD3 正偏导通，IC2 被触发进入暂态定时状态，LED 闪烁，BL 发出音乐声，告知来电，到定时结束，LED 和 IC3 停止工作，此时由于 IC1 - 2 的 5 脚为低电平，所以电子开关 IC1 - 2 处于关断状态，VD4 截止。

停电时，IC1 - 1 的 8 脚失电使电子开关关断，IC1 - 2 的 5 脚经 R2 获高电平导通，VD4 正偏导通，IC2 被触发开始定时，LED、BL 分别进行光、声告知停电，此时 VD3 反偏截止。

元器件选用参考：该电路元器件按图标选用即可。

第二章　照明灯、应急灯及灯光控制电路

1、具有备用电池的 LED 照明电路

备用电池的 LED 照明电路如图 2-1 所示。

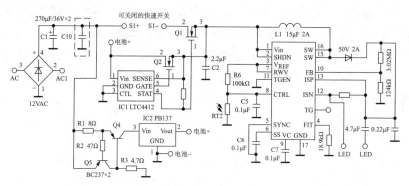

图 2-1

工作原理浅析:该电路是一个 3W-6W 高效和可靠的应急 LED 照明灯。该电路的输入为 AC12V 电压,经过全桥整流和一到两个电容滤波变成直流。电池为 12V 的铅酸型蓄电池。IC1 将电池电压与电源电压相比较,当整流电压下降到电池电压以下时,备用电池开始给 LED 供电。

在该电路中,IC2 是 PB137 12V 蓄电池充电电路,保持给蓄电池充电。在充电时,还可在电池两端加一个 470μF 的电解电容,以使输入电压维持在电池电压以上的一定水平。注意,增加这个电容器降低了功率因数。为了获得 12V 交流,可用个电子变压器将 220V 电压降压再整流。这些变压器以较高的频率提供 12V 电压。

IC1 为凌利尔特公司生产的 LTC4412,它控制两个外接 P 沟道场效应管 Q1 和 Q2,在交流电源和电池输出之间为开关创建一个近似理想二极管功能。P 沟道场效应管的压降大约只有 20mV,而普通二极管的压降为 0.7V。当交流电源断电时,第 5 脚为低电平,可用这个脚,通过另一

个 P 沟道场效应管来开启一个告警 LED。IC2 具有 1.5A 的内部电流限制。电阻 R1 限制 IC2 的输入,当该电流达到某种程度时,Q4 关闭该充电电路。该集成电路不需要反向二极管保护。IC3 为凌利尔特公司生产的 LT3517,作为一个反向降压升压转换器。因为对于已整流的交流,其输入能在 8V ~ 17V 之间变化。R10 设置 LED 的电流,因为三个 LED 之中的每一个电压降都在 3V ~ 4V 变化,假如将所有的 300mA LED 进行串联,该集成电路的输出电压比其输入电压可能更高(或更低)。

通过把一个电阻分压器(包括一个光电池),连接到模拟暗光脚(即第 8 脚),你能获得某些暗光,因此可以在较高的自然光照下节省一些电源。当交流电源断开时,假如需要使 LED 暗亮,可以用 IC1 的第 5 脚使一个晶体管或一个光隔离器导通,把 IC3 的控制脚电压拉低。电阻 R7 使 IC3 工作在 1MHz。

对该电路进行小的变化,就能增加 LED 数量,例如,使用凌利尔特公司生产的 LT3518,它的管脚可与 L135t7 对应兼容,但具有较高的开关电流限制。为了获得较高的输入电压,可调整反馈电阻 R8 和 R9 阻值。

元器件选用参考:该电路元器件按图标选用即可。

2、太阳能供电 LED 照明灯电路

太阳能供电 LED 照明灯电路如图 2 - 2 所示。

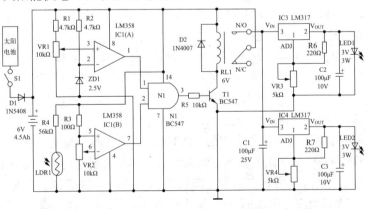

图 2 - 2

工作原理浅析:太阳电池经 S1 和 DJ 对蓄电池进行充电,蓄电池供功率 LED 发光照明。控制单元由电池电压检测、光线检测和逻辑电路三部分组成。电池电压检测由 IC1A 和 ZD1 等构成,以防止蓄电池过度放电。放电限值由 R1/VR1 分压电路设定。当蓄电池电压低至设定电压时,IC1A 输出变为低电位。蓄电池的放电范围由 VR1 调节。

光线检测由 IC1B 和 LDR1 等构成,用来控制功率 LED 电路的自动接通(夜晚)和断开(白天)。光线的强弱由光敏电阻 LDR1 检测,LDR1 电阻的变化通过分压电路 R4/LDR1 连接至 IC1B 的 5 脚,再与 6 脚上的基准电压在比较器 IC1B 中比较。

与门 N1 的一个输入端连接电池电压检测电路输出,另一个连接光线检测电路输出,当这两个输入均为高时,N1 的输出也为高,经晶体管 T1 驱动继电器 RL1,接通 LED 电源电路。

LED 驱动电路用两块稳压芯片(LM317),分别驱动 3W 负载。功率 LED 的额定功率为 3W,由于温度升高时电流有可能超过额定值,对此可以加散热器控制其端电压来解决。稳压器的输出电压可用 VR3 和 VR4 来调节。使 LED 的端电压在 3.0 和 3.4V 之间变化。充电电流应是 4.5Ah 的 10%。

元器件选用参考:太阳电池板的规格为,最大功率 10.0W,最高电压为 17.0V,开路电压 21.8V。D1 用来防止电流从蓄电池流向太阳电池板。铅酸蓄电池的额定参数为 6V/4.5Ah。其他元器件按图标选用即可。

3、双供电 LED 照明灯电路

该 LED 灯既能白天用太阳能供电,又能晚上用市电供电。电路如图 2-3 所示。

工作原理浅析:该 LDE 灯,要根据使用功率的大小来选用太阳能电池板的数量及功率,根据所使用的高亮度发光二极管的数

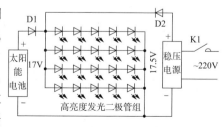

图 2-3

量来选用电池板是串联还是并联供电。下面以 3W、17V 一组太阳能电池板和 20 个高亮度发光二极管为例说明怎样组成家庭照明电路。图中太阳能电池板 3W、17V，可将其置于能见到阳光的窗户或阳台处。将高亮度发光二极管每五个一串联，然后再并联连接。这是因为发光二极管的工作电压是 3.2～3.5V（额定电流为 20mA）。图中 K1 为交流开关，稳压电源为 17.5V 交流稳压电源，D1、D2 为隔离二极管。白天太阳能电池供电使发光二极管点亮，晚上合上 K1 使发光二极管点亮。

元器件选用参考：该电路无特殊要求，按图标选用即可。

4、高亮度 LED 手提灯电路

高亮度 LED 手提灯电路如图 2－4 所示。

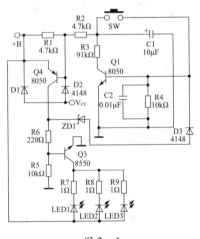

图 2－4

工作原理浅析：在平常灯不亮时：C1 由 ＋B（＋B 为铅蓄电池电压）通过 R1、R2、R3 充电至 ＋B，此时灯不亮为待机状态。使用时当按下 SW 然后松开，C1 的正极被短到 Q1 的 b 极，而 C1 的负极接 Q1 的 e 极，由于 C1 两端电压为 ＋B 且不能突变，故 Q1 因 Ubel 电压很大很快进入饱和状态，Q1 饱和后其 C 极电位几乎为 0V，＋B 则通过 R1、R2 的分压加至 Q4 的 b 极，Ube4 正偏，于是 Q4 也迅速饱和导通，使 Q4 的 C 极电位几

乎为 + B。它产生两个作用:一是使稳压管 ZD1(稳压值约为 2.5V)反向击穿、D3 正向导通,之后剩余电压加至 Q1 的 b 极,使 Q1 维持饱和,实现自保;二是此 + B 电压经 R6 和 R5 的分压加至 Q3 的 b 极,使 Q3 也饱和导通,于是高亮度 LED 有电流流过而发光,电灯开始照明。Q1 由于自保维持饱和导通,其 C 极电位几乎为 0V,则 C1 通过 R3、Ucel 放电而使其两端电压为 0V。

如果在照明状态下再按一下 SW 并松开,由于 C1 两端电压为 0V,使 Q1 的 b-e 结电压为 0V 而截止,Q1 的 c 极因 Q1 截止变为 + B 电位,Q4 的 b 极也因 R1、R2 的分压为 + B 电位,Q4 的 b-e 结因 0V 偏置截止,Q4 的 c 极失去 + B 电压使 Q3 截止,3 个 LED 无电流通过而熄灭(电灯被关闭),此时 C1 又由 + B 通过 R1、R2、R3 充电,为下次动作准备。

该电路充电时,充电器的直流电源 Vcc 通过 D1 接入 + B,为铅蓄电池充电,同时 Vcc 通过 D2 加至 Q4 的 b 极,使 Q4 维持截止状态,此时即使按下 SW,Q1 无论是导通或截止,Q4 均截止,所以 Q3 也截止,3 只 LED 无电流通过而不亮,以免影响充电。

元器件选用参考:该电路元器件按图标选用即可。

5、3W LED 照明灯电路

本例介绍一款用 LED 发光管照明灯。它用 30 只发光管串并联后,接到用电容降压的电源上,功率为 3W。电路如图 2-5 所示。

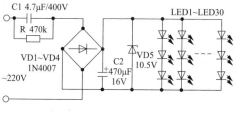

图 2-5

工作原理浅析:220V 的电压经电容 C1 的降压后,经过 VD1 ~ VD4 全波整流,再经 C2 滤波和稳压管 VD5 产生 10.5V 的稳定电压作为发光管的电源。

元器件选用参考:LED1~LED30 是白色发光管,把每 3 只串联成一组,这样 30 只就可以构成 10 组,并把 10 组并联后接到 10.5V 的电源上。由于每只发光管的工作电压为 3.5V,3 只串联为 10.5V 已满足要求。每只发光管的工作电流在 20~30mA 之间,这样就使得每只发光管都能正常发光。电容 C1 选用 4.7μF/400V 的涤纶电容。白色发光管 LED1~LED30 用 φ5mm 的。其他元件无特殊要求。

6、光控 LED 照明灯电路

光控 LED 照明灯电路如图 2-6 所示。

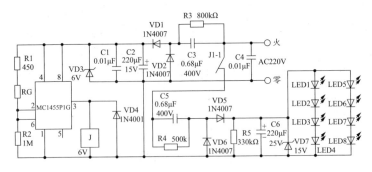

图 2-6

工作原理浅析:由图可知,AC220V 电压经 C3 降压,R3 泄流,VD1、VD2 整流,C2、C1 滤波得到平滑的直流电,稳压二极管 VD3 把电压稳定在 6V,给 MC1455P1G 供电,并经 R1 给光敏电阻供电。白天,光敏电阻 RG 在光照下阻值很小,MC1455P1G 的 2 脚和 6 脚输入高电平,3 脚输出低电平,继电器 J2 不吸合,J1-1 的触点不导通,220V 的电压没有加到电容 C5 上,所以 LED 灯不亮。

晚上,光敏电阻 RG 无光照阻值很大,MC1455P1G 的 2 脚和 6 脚为低电平,3 脚输出高电平,继电器 J 吸合,J1-1 的触点同时导通,C5 得到电压后降压,R4 泄流确保安全,VD5、VD6 整流,C6 滤波,VD7 将直流电压稳压在 15V 左右,将 8 只白光点亮。电容 C4 失去高低交流成分,防止干扰家用电器反作用。R5 是 C6 的放电电阻。

元器件选用参考:MC14551G 选用无铅封装产品,继电器选用电压直流 6V,光敏电阻选用亮阻 1kΩ、暗阻 1MΩ,C3、C5 选用优质涤沦电容,VD3 ~ VD7 选用 0.5W 优质稳压二极管,LED1 ~ LED8 选用 ϕ5mm 高亮度白光 LED,单只电压在 3.2V ~ 3.6V 之间,电流在 16mA ~ 20mA 左右,其他元器按图标所示选用即可。

7、太阳能供电的节能灯电路

本例为一种用太阳能电池作为电源的节能灯电路。电路如图 2 – 7 所示。

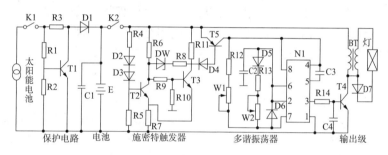

图 2 – 7

工作原理浅析:电路分六个部分,包括太阳能电池、蓄电池、太阳能电池过压时对蓄电池的保护电路、施密特触发器(用来确定蓄电池供电的启动及关闭时的电压,同样起到保护蓄电池的功能)、多谐振荡器(用来产生节能灯所需的工作脉冲信号)、输出级(主要进行电压变换提供电灯正常工作所需的电压)。

(1)太阳能电池:这部分是能量转换装置,它把光能转换成电能,所需输出功率的大小,根据蓄电池的容量来决定。

(2)保护电路:由 R1、R2、R3、T1 组成,起到输入过压保护作用。当太阳能电池输出电压高到一定程度,R2 两端的电压升高使 T1 导通,集电极电流增大,R3 上压降增加,使得对蓄电池的充电电压下降。太阳能电池也会因为负载的增大使得输出电压下降,保护了蓄电池。具体保护点可通过调整 R1、R2 来设定。

（3）电池 E：这部分主要是一组蓄电池。根据不同的要求来选择节能灯的蓄电池，根据后级输出功率及使用时间确定安时数，根据输出级工作情况确定电压值。

（4）施密特触发器：由 T2、T3 及外围电路组成。这里主要利用施密特触发器开通和关断触发电平的回馈电压，以控制蓄电池使用电压范围。控制方式是触发器根据蓄电池电压高低确定 T2 的工作状态，通过 T2 的集电极电压来控制 T5 导通或截止。蓄电池电压低到一定值时，T5 导通，使多谐振荡器振荡，产生脉冲信号，输出级工作，灯点亮。蓄电池电压升高到一定值时 T5 截止，多谐振荡器无电源，停振，无脉冲输出，输出级不工作，保护了蓄电池及灯。由于触发器的开启电平要高于关断电平，蓄电池不充电情况下，触发器状态不会反转，保护了蓄电池。

（5）多谐振荡器：用 555 电路组成的多谐振荡器主要是产生频率在 20kHz～30kHz 之间的脉冲信号，在这一频率范围内，灯管发光效率高，人眼无闪烁感，提高了发光效率。调节 W1、W2 可调整脉冲的频率及占空比，脉冲信号经 3 脚送到输出级。

（6）输出级：这一级在多谐振荡器送来的脉冲信号作用下，在集电极变压器初级绕组上产生交流脉冲，经升压变压器耦合，在次级产生高压，点亮节能灯。

元器件选用参考：该电路元器件无特殊要求，按图标选用即可。该电路对蓄电池有过充、欠压保护，低电压自动判断功能，保护功能完善。太阳能电池功率、蓄电池安时数、节能灯功率可根据自己的要求随意配置。

8、太阳能自动定时节能灯电路

本例为太阳能定时节能灯，用途广泛，电路如图 2 - 8 所示。

工作原理浅析：太阳能自动定时节能灯电路是由太阳能电池充电、光控开关、定时开关和逆变电路四部分组成。

白天，太阳光照射在太阳能电池板上，太阳能电池把光能转换为电能通过二极管 D1 向蓄电池充电。D_1 串接在充电电路中以避免夜间无光照时，蓄电池的电流反向流向太阳能电池板。白天，RL 硫化镉光敏电阻的阻值呈低阻状态,IC_1 的 2、6 脚输入电压大于 $2/3 Vcc$,其 3 脚输出低电平,使 IC_2 和 BG_1 无电压不工作,继电器 J 不动作,未能接通逆变电路,节能灯不亮;入夜,RL 呈高阻值,使 IC_1 输入端电压小于 $1/3 Vcc$,3 脚跳变为高电平,IC_2 及 BG_1 得电进入工作状态。IC_2 是一片带振荡器的 14 位二进制串行计数/分频集成电路,C_4、$R_3 \sim R_5$ 与 IC_2 内部电路构成的振荡电路产生一正尖脉冲,使 IC_2 自动清零,计数开始,此时 IC_2 的 3 脚输出低电平使 BG_1 获得偏流并导通,串接在 BG_1 集电极回路的继电器 J 吸合接通逆变电路,点燃节能灯。经过一段(定时)时间,IC_2 的 3 脚跳变为高电平,BG_1 失去偏流而截止,节能灯熄灭。与此同时,IC_2 的 3 脚输出高电平经隔离二极管 D_2 加至脉冲输入端 11 脚,使该端恒为高电平而振荡停止,电路状态一直保持到天亮 IC_2 断电为止。

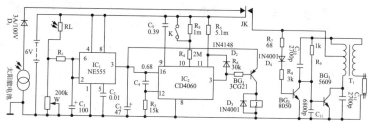

图 2-8

电路中 R_1、C_1 组成抗光干扰延时电路,以防止夜晚瞬间光照(如雷电闪光、车辆灯光等)干扰被控灯的正常工作。节能灯每晚点燃的时间由公式 $t \approx 2.3N(R_3 + R_4)C_5$ 计算,N 为定时系数。当开关 K 断开时,定时时间为 6h,适合于冬季夜晚;当 K 闭合时,定时约 4h,适合夏季夜晚。

节能灯逆变电路由 BG_2、BG_3 等组成。节能灯电路接通时,通过 BG_2、BG_3、逆变变压器 T_1 实现反馈、振荡、升压等过程,使得节能日光灯两端有 $160 \sim 180V$ 电压而点亮。点亮时消耗蓄电池电流 0.4A 左右,使用 30 安时蓄电池可在无太阳时连续工作一个星期。

元器件选用参考:该电路元器件无特殊要求,按图标选用即可。

9、太阳能充电小夜灯电路

太阳能充电小夜灯如图 2-9 所示。

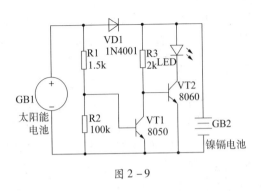

图 2 - 9

工作原理浅析:由图可知,太阳能电池 GB1 白天接受太阳光照射发电,通过 VD1 给镍镉电池 GB2 充电。太阳能电池 GB1 产生电压时,GB1 > GB2,给镍镉电池 GB2 充电,存储能量。此时,VT1 导通,VT2 截止,发光管 LED 不亮。天黑后,GB1 < GB2,VT1 截止,VT2 导通,LED 自动点亮。GB2 充电一天,小夜灯可亮一个夜晚。LED 发光亮度高,能替代市售床头小夜灯或手电筒,适合庭院野外无电地区流动场所或夜间停电时使用。该电路也可作为太阳能充电器使用,供给手机、随身听、收音机等小电器充电使用。将多块太阳能电池进行串/并联还可给电瓶充电。

元器件选用参考:三极管 VT1、VT2 选用 8050。二极管 VD1 选用 1N4001。发光二极管 LED 型号用一般管子即可,只要正向导通电压在 1.5 ~ 2.5V 范围均可。电阻 R1 为 1.5kΩ,R2 为 100kΩ,R3 为 2kΩ,以上电阻均为 1/8W 金属膜电阻。太阳能电池 GB1 为 4.5V、70mA,镍镉电池 GB2 选用 1.5V 镍镉充电电池。

10、直流供电的节能灯电路

本例为一款直流 12V 的低压供电的安全照明灯。电路如图 2 - 10 所示。

工作原理浅析:该灯用 VT(ZTX652)作高频振荡管(或用 MC13005)。电路中若用 12V 蓄电池供电时,还可省去二极管 ZS170(或 1N4007)和电容器 C1。电源由 R1、R2 分压提供偏置电压,脉冲变压器 T

各绕组的极性(同名端)用黑色标明,W1 绕 4 匝,W2 绕 17 匝,W3 绕 7 匝,W4 绕 7 匝,W5 绕 130 匝(其中 W1、W5 用 φ0.23mm 漆包线,W2 ~ W4 可用 φ0.18mm 漆包线),变压器铁芯用 FX3439,间隙为 0.125mm。W1 绕组作反馈线圈,W2 为初级线圈,W3 和 W4 供荧光灯管两端灯丝电压,灯丝预热后由 W5 次级高压点亮灯管。该节能灯用 8W 灯管,且该电路振荡频率为 20kHz。

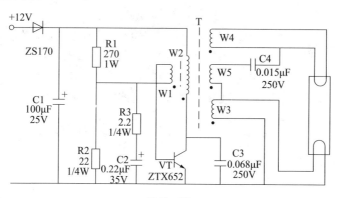

图 2 - 10

元器件选用参考:无特殊要求,按图标选用即可。

11、两种状态的节能灯电路

两种状态的节能灯电路如图 2 - 11 所示。

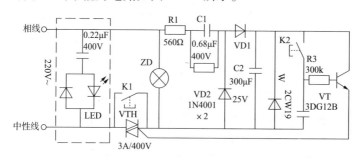

图 2 - 11

53

工作原理浅析:由图可知,K1、K2 是一个 2×2 开关,使 K1、K2 同时闭合,K1 接通双向可控硅 VTH 阴、阳两极,使照明灯置在长明状态,然后再拨动 2×2 开关使 K1、K2 断开。由于 K2 闭合的一瞬间,C3 被迅速充电而接近电源电压,使 BG 导通触发 SCR 门极,使双向可控硅导通,所以照明灯仍被点亮,处于延时状态。这时 C2 缓慢放电,经过一段时间,C3 上电压下降使 BG 截止,SCR 也截止,照明灯被切断,同时控制电路电源也被切断,使灯不亮时控制电路也无能量损耗。

元器件选用参考:电容 C1 选用耐压 400V 的无极电容,D1、D2 选用耐压 400V 的整流管,W 选用稳压值 9V ~ 12V 的稳压管,双向可控硅 SCR 的耐压≥400V,VT 选用 3DG 系列的三极管,电阻 R1 为 1/4W 金属膜电阻,R2、R3 均为 1/8W 的碳膜电阻。其他元器件按图标选用即可。

12、简单电子节能灯电路

简单电子节能灯电路如图 2－12 所示。

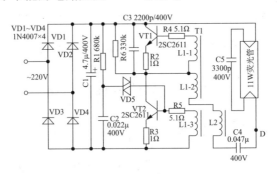

图 2－12

本例为一款电子节能荧光灯电路,其电路主要由三部分组成:

(1)整流、滤波部分:由 VD1 ~ VD4、C1 构成。220V 交流电压由 VD1 ~ VD4 整流、C1 滤波,在 C1 两端形成约 300V 的直流电压;

(2)高频振荡电路:由 R1、C2、VD5、VT1、VT2 和脉冲变压器 T1 等组成,此部分电路产生频率约 30 ~ 50kHz 的高频振荡方波;

(3)输出谐振电路:由 L2、C5 等构成,利用串联谐振时 C5 上产生的高压来点亮灯管。

工作原理浅析:接通电源后,整流、滤波输出的直流电压经 R1 给 C2 充电,当 C2 上电压超过双向触发二极管 VD5 的触发电压(转折电压)时,VD5 导通,VT2 亦导通。由于脉冲变压器 T1 的正反馈作用使 VT1、VT2 产生方波振荡,经 L2、C5 串联谐振回路后形成近似的正弦波,由于产生串联谐振(电压谐振),所以 C5 上电压很高。此电压使灯管启辉,灯管启辉后使 L2、C5 串联谐振回路失谐,此时 L2 主要起限流作用。

元器件选用参考:电路元器件按图标数值选用即可。

13、延时节能灯电路

延时节能灯电路如图 2 – 13 所示。

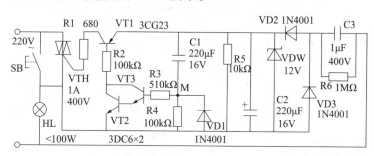

图 2 – 13

工作原理浅析:由图可知,按下 SB 按钮后,灯泡 HL 点亮,与此同时市电经降压、整流、稳压、电容 C2 滤波后,得到 12V 直流电压。该电压对 C1 充电,由于 C1 电压不能突变,故充电开始时 M 点电压为 12V,致使 VT3、VT2 构成的复合管导通,实现 AN 的自保。故松开 SB 后,HL 仍继续发光。随着 C1 上充电电压的增加,M 点电位下降,当降到 1.4V 以下时,复合管截止,VT1 也截止,致使 BCR 也截止,ZD 熄灭。延时长短由 R4、C1 的乘积决定。按图中数据,延时时间大约为 20s 左右,ZD 熄灭后,C1、C2 迅速放电,为下一次开灯作准备,VT2、VT3 构成复合管作电子开关,是为了提高输入阻抗,同时可以提高触发灵敏度。本电路有两个优点:HL 熄灭后,整个电路完全断电,对节能有利;SB 自保采用双向可控硅,克服了用继电器接点实现电源自保的机械触点弊端。

元器件选用参考:该电路元器件无特殊要求,其型号、规格和参数按图标选用即可。由于该电路结构简单,不用调试即可正常运行。

14、节能灯闪光消除电路

节能灯闪光消除电路如图 2 - 14 所示。

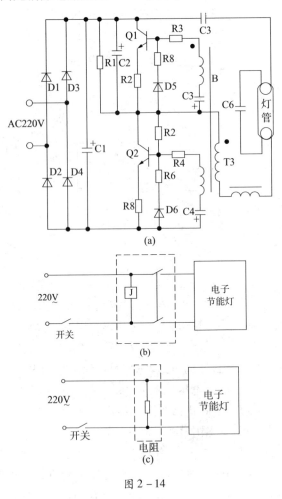

图 2 - 14

我们会发现,关闭节能灯后有间隙性的闪光,但这并不是灯的质量问题。主要原因是电工线路安装不规范,将开关设在零线造成的。只要把进线端的零线与火线调换一下即可;另一种原因是使用了带氖灯的开关,关灯后仍然能形成微流通路;还有一种原因是借线安装双联开关的,会造成有时关灯后有闪光现象。

工作原理浅析:对电子节能灯的电路进行了分析,如图 2 - 14(a)所示。220V 的电压经过四个整流管 D1 ~ D4 后,到滤波电容 C1,变为直流电压后供给工作电路。而上述导致节能灯有闪光的几种因素,其原理都是一样的。都是在开关切断后,仍然有微流通路。经过四个整流管后到滤波电容,滤波电容上电压慢慢升高,过于启动电压时,节能灯发光。但是发光的能量来至滤波电容,电容上的能量释放结束,发光停止。又开始进入下一轮的循环。所以节能灯有间隙性的闪光。

只要破坏这个充/放电循环,电子节能灯就不会有间隙性的闪光了。也就是改进电子节能灯的启动电路,提高稳定性,但这是生产厂家的事了。

也可以用两种方法解决:一是在电子节能灯的进线处加一个小继电器,当开关断开后,继电器同时切断了电子节能灯的火线和零线,电子节能灯就不会闪光了。如图 2 - 14(b)所示。此法简单可靠,能彻底切断火线和零线。但成本较高。另一种方法是在电子节能灯的进线处加一个小电阻。如图 2 - 14(c)所示。其工作原理是:当开关断开后还有微流通路时,电流经电阻释放,这样就不会经过整流管后到达滤波电容,也就不会有闪光了。

元器件选用参考:电阻的取值如下:按普通 1/8W 的电阻,$0.125 = 220 \times 220/R$,$R = 387\text{k}\Omega$。为可靠工作,电阻可取 400kΩ,1/4W 或 1/2W。

15、无闪烁启动夜灯电路

该电路可以在光线强度降低至一预定和程度时可立即启动灯光,因此不存在灯光闪烁启动现象,电路如图 2 - 15 所示。

工作原理浅析:该电路采用的 NE555(IC1)作施密特触发器。在白天,光敏电阻 LDR1 呈现低电阻,IC1 的输出脚 3 保持低电位,双向可控硅 BT136 处于截止状态,所以在白天夜灯 L1 是不亮的。

日落以后,LDR1 的阻值增加,输入电压随之降低,当输入电压降低到低于 1/3Vcc 时,IC1 的输出脚 3 由低变高,双向可控硅 BT136 导通,于是夜灯 L1 点亮;LED 发光,指示 IC1 输出处于高电位。由于施密特触发器提供了 1/3Vcc 的电压滞后量,因此只要输入电压波动小于 1/3Vcc,IC1 的输出状态就不会改变,所以夜灯启动和熄灭都是无闪烁的。

元器件选用参考:该电路无特殊要求,按图标选用即可。

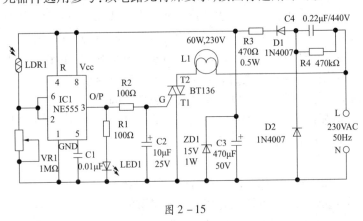

图 2－15

16、可设定时间的夜视灯电路

本例为一款适用于小商店的夜视灯,电路如图 2－16 所示。

工作原理浅析:该电路主要由光敏电阻 LDR1、CMOS、ICCD4060(自带振荡器,二进制 14 分频器)、三端双向可控硅开关(TRIAC1－TB136)以及电源整流电路等组成。

电路工作过程:白天 LDR1 因光照其阻值很低,使 IC1 的 12 脚呈高电平,IC1 的振荡器电路停振。一旦日落之后,LEDR1 无光照,其阻值显著增大,使 IC1 中的 12 脚呈低电平,IC1 的振荡电路起振,此时在 IC17 脚上外接的 LED2 开始闪亮,以指示振荡器工作。

IC1 振荡器的频率由电阻 R1、R2 和电容 C4 决定,只需选择不同的 R1、R2 和 C4,即可使 IC1 的 3 脚输出一定时间的高电平,图中 R1、R2、

C4 的取值,可使 IC1 的 3 脚高电平时间持续 7 小时。该高电平通过 LED1 和 R3 驱动 TRIC1 工作。当 TRIAC1 的门极获得 IC1 的 3 脚的触发电压时,接在交流电相线和 TRIAC1 的 M 端之间的白炽灯 L1 就点亮, IC1 的 12 脚又变为高电平时,L1 才熄灭(即第二天早上)。

在电源桥式整流的输出端外接的储能电容器 C1(1000μF/25V),不仅用于整流的平滑滤波,而且在电源因某种原因断电几秒时,IC1 中的振荡器仍能维持正常工作。电容器 C2 的作用是保证 IC1 的触发端 12 脚,在白天时始终处于高电平而使 IC1 中的振荡器停振。电位器 VR1 的作用是用来调节 IC1 的工作电源,取自变压器 T1 降压,再经 D1 ~ D4 桥式整流、C1 滤波而获得。电路中的开关 S1,用于人工手动,可使 L1 灯点亮不受 IC1 的控制。

元器件选用参考:电路元器件按图标选用即可。

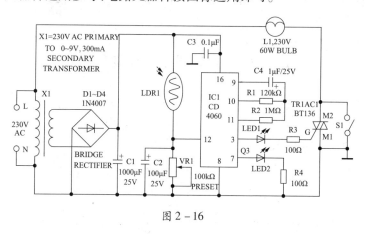

图 2 - 16

17、简易充电应急灯电路

本例的电路能点亮 6W 日光灯,并能为电池充电,也可用内蓄电池为收录机供电,电路如图 2 - 17 所示。

工作原理浅析:该电路利用电容 C1 降压、D1 ~ D4 整流为蓄电池充电,三极管 V 进行高频振荡,经高频变压器 T 升压后,点亮 6W 日光灯。

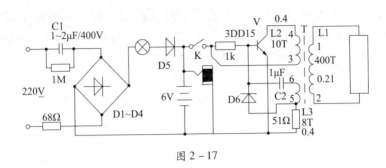

图 2 - 17

元器件选用参考:三极管选用大功率 DD01 或 3DD15 等。升压变压器 T 用 E8×7 高频磁芯绕制,数据如图所示,也可用市售成品。C1 选用耐压大于 400V 以上的 $1\mu F \sim 2\mu F$ 无极性电容。小灯泡用 6.8V,起指示灯和保险丝作用,也可不用,二极管全都用 1N4007。如装好无误后,灯不亮,可调换 L3 的两端。

18、自动应急照明灯电路(一)

本例为一种应急灯蓄电池自动充、停电控制电路,它能随时监视蓄电池的状态,自动地对蓄电池进行充电、停充,确保电池正常寿命。有关电路如图 2 - 18 所示。

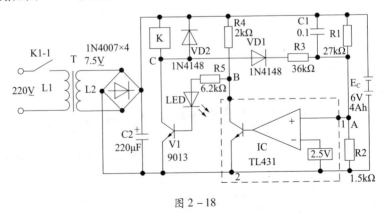

图 2 - 18

工作原理浅析:用 IC 内部 2.5V 基准电压监视蓄电池电压的高低。

假设现蓄电池正在充电,也就是9013导通,继电器K吸合,当蓄电池电压上升至7V时,A点电位升至2.5V,TL431导通,B点电位降至2V,9013截止,继电器K1-1断开市电220V电源,充电结束。同时C点电位上升牵动A点电位也上升,进一步锁定TL431在导通状态,当蓄电池使用至5.4V时,A点电位小于2.5V,TL431截止,B点电平上升,使9013导通,继电器K吸合,接通市电220V,新一轮充电又开始,当蓄电池电压上升至7V后,又停止充电,如此反复循环。

该电路实质是一个施密特触发器,触发阈由R1与R2比值确定,A点电位达到2.5V即触发。LED起1.7V稳压作用,使TL431在2V里9013截止,同时用来指示充电状态。电容C1为接通电源瞬间使TL431导通。

元器件选用参考:该电路9013要求$\beta > 200$。继电器K可用HG4098。图中数据为实际调试值,R1、R3可用两只43kΩ电位器调试。其他元器件无特殊要求,按图标选用即可。

19、自动应急照明灯电路(二)

自动应急照明灯电路如图2-19所示。

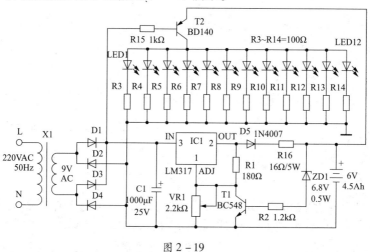

图2-19

工作原理浅析:该电路由两部分组成:充电器电源供给部分和 LED 驱动电路部分。前者以三端可调稳压芯片 LM317(IC1)为核心,后者则以晶体管 T2 为核心。在充电器电源供给部分中心,市电经变压器降压、桥式整流器整流后用 C1 滤除纹波,然后经稳压芯片 IC1 和 D5、R16 对电池提供充电电源,充电电流的大小可以用预置电位器 VR1 调整。当 6V 电池充电至 6.8V 后,稳压二极管 ZD1 导通,将充电电流经 R2 和 T1 接地,电池充电停止。LED 驱动电路部分采用 12 只直径 10mm 的白色 LED,每只 LED 串联一只 100Ω 电阻后并接在一起,其公共阳极连接至晶体管 T2 的集电极,而 T2 发射极则直接连接至 6V 电池的正端。

在 220V 交流电源正常时,T2 基极为高电位,T2 截止,这时全部 LED 都不亮。一旦交流电源失效,T2 基极成低电位,T2 立即导通,于是全部 LED 也随之发光。

元器件选用参考:电源变压器为初级 220V,次级 9V、500mA。其他元器件按图标选用即可。

20、自动应急照明灯电路(三)

本例自动应急照明灯电路如图 2−20 所示。

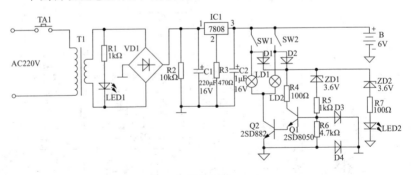

图 2−20

工作原理浅析:在市电正常供电时,~220V 电源经降压变压器 T1 输入,发光二极管 LED1 电源指示灯亮,由桥式整流器 VD1、电容 C1、C2、电阻 R3 及三端稳压器 IC1(LM7808)组成的整流、滤波、稳压电路向 6V

电池 E 充电。当接通左灯 LD1、右灯 LD2 的控制开关 SW1 或 SM2 时，整流稳压电路输出的直流电压就通过二级管 D1 或 D2，使稳压管 ZD1 的齐纳导通，经 R5、D3 至电源地端。由于 D3 把 Q1 基极电位钳制在 0.7V，就使 Q1、Q2 构成的开关电路截止，LD1、LD2 不亮。当市电停电时，转由 6V 电池 E 供电，D3 失去整流回路而截止，Q1 Vb 对电池负极为 1.6V，Q1、Q2 饱和导通，应急灯亮。使用中若电池电压低于 5.4V，ZD1、ZD2 由齐纳导通变为截止，此时 Q1 基极无偏置电压，Q1、Q2 截止，LD1、LD2 不亮，与此同时 LED2 供电状态指示灯熄灭，示意电池电压已低于供电下限值，需要停止供电进行充电（或电池已失效应给予更换）。这种电路设置可避免铅酸免维护电池因深度放电造成永久性损坏。D4 是 LED2 指示电路的续流二极管。市电供电时，电流通过 SW1、D1 或 SW2、D2，经 ZD2、R7、LED2 和 D4 至整流电路地端形成回路，使 LED2 点亮；停电时，D4 截止，LED2 由电池回路点亮。电路中 R2 是 C1 残余电压泄放电阻，使应急灯能在停电瞬间迅速照明。另外，设在电源输入端的常闭按钮 TA1 是为了方便检查应急灯状况，而设置的模拟停电点动开关。

元器件选用参考：电路元器件无特殊要求，按图标数值选用即可。

21、自动应急照明灯电路(四)

本例自动应急照明灯电路如图 2－21 所示。

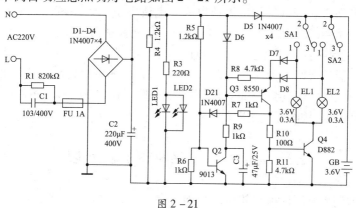

图 2－21

工作原理浅析:该电路主要由充电回路和放电回路组成。

(1)充电回路:自动应急照明灯使用前先把 SA1、SA2 开关拨动到接通位置1,然后接上 220V 交流电源。交流市电经电容 C1 降压,经 D1～D4 桥式整流,C2 滤波后输出约 4.9V 直流电压,一路电流经 R3、LED1(红色)、LED2(绿色)发光二极管同时点亮;另一路经 D5 二极管隔离降压后向 GB 镍镉电池充电,实测充电电流 35mA。随着 GB 镍镉电池充电电压升高,充电电流逐渐减小,实测充足时 GB 镍镉电池充电端电压为4.35V,始终低于 D5 正极 4.9V 电压,这就使电池充电时免于过电压。由于 4.9V 电压经 R5、R6 到公共接地点,在 Q2 基极产生 0.77V 电压使Q2 导通,一路电流经 D6、R9、Q2 导通到公共接地点,由于 Q3 基极电压始终高于 D7 正极电压,所以 Q3 截止,Q4 也截止,EL1 和 EL2 应急照明灯不亮。

(2)放电回路:当输入的 220V 交流电源停电后,C2 输出的直流电压缓慢下降,LED1、LED2 熄灭,Q2 的基极电压也下降为 0,这里 Q2 与 Q3组成模拟晶闸管,GB 镍镉电池的正电压电流分别通过 SA1、SA2 开关、D7、D8,到 Q3 发射极、基极两端产生电位差,通过 R9 使 Q2 导到公共接地点,于是 Q3 导通,电流一路经 R7、D21 回到 Q2 基极来维持 Q2 导通。此时 Q3 集电极产生电流。另一路经 R10 和 R11 到公共接地点,在 R11上产生 0.8V 电压,使 Q4 导通,由 GB 供电使 EL1 和 EL2 应急照明灯点亮。随着放电时间延长,GB 镍镉电池端电压开始下降,实测当 GB 端电压下降到 3.2V 时(镍镉电池放电终止电压不小于 3V),Q3 集电极下降到 2.71V,也就是说 Q3 集电极电流小于某一数值时,Q3 就截止,EL1 和EL2 应急照明灯熄灭,这就是放电回路保护电路。

元器件选用参考:该照明灯一般经 12h 的充电,可提供 EL1 和 EL2两个应急照明灯点亮 25min。镍镉电池采用 3.6V 800mAh。电路元器件无特殊要求,按图标选用即可。

22、照明灯过压保护和软启动电路

本例为过压保护和软启动功能电路,适用于白炽灯以及普通灯座,它具有过压保护、延长灯泡寿命、节能等功能。电路如图 2-22 所示。

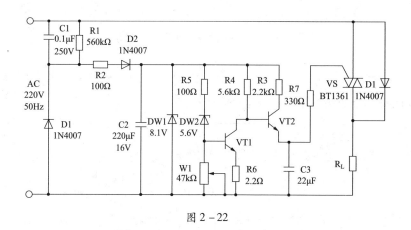

图 2-22

工作原理浅析:电路直接接入 AC220V 电源,在电源正半周时 D1 形式半波整流,负载 RL 端电压约为 99V,灯泡光亮度为暗光。另一路电源由 C1 降压、D2 整流、C2 滤波、DW1 稳压后输出约 6V 直流电压供控制电路工作。得电后 VT2 饱和导通,给 C3 充电,当 C3 充电约 2/3 以上时,流经 R7 触发双向可控硅 VS 的 G 极,VS 触发导通,灯泡亮度渐渐地从暗光变为最亮,光亮度由 RC 的延时作用和 VS 的导通角决定。当电网电压突变高于 AC220V 时,整流电路电压随之升高,在直流电压值大于 DW2 的反向击穿值时,DW2 被击穿,VT1 基极获得正向偏置电压后,VT1 饱和导通,VT2 截止,C3 和 R7 组成延时网络,待延时放电完毕后,VS 关断,灯泡还原暗光。电路中 R1 为泄放电阻,C3 采用钽电解电容。

调整时采用电源调压器,将交流电压值调到 220V 以上,此时 D2 输出电压应随之升高,用万用表测 R5 端电压高于 5.6V,使 DW2 击穿,然后再调节 W1,使 VT1 基极电压约为 0.7V,获得正向偏置电压后,VT1 饱和导通,VT1 的集电极输出低电平,迫使 VT2 截止,灯泡光亮度还原暗光为止。

元器件选用参考:C3 采用钽电解电容,其他元器件按图标选用即可。

23、6V直流日光灯照明电路

本例为一种采用TWH8715功率开关集成电路,加几个外围元件组成的日光灯照明电路。如图2-23所示。

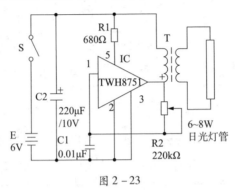

图2-23

工作原理浅析:集放大、比较,选通、整形和功率开关于一体的大规模高速功率开关集成电路。TWH8751作自激振荡和功率开关。R1为限流电阻,R2、C1决定振荡频率,R2同时用于调试使用。C2为电源滤波电容,用于稳定电源电压。振荡变压器初级得到的振荡电压,在次级感应出更高的电压,击穿日光灯内汞蒸汽,使日光灯点亮。

元器件选用参考:变压器T制作方法:取一截袖珍收音机的扁磁棒,初级用φ0.3~0.4mm漆包线绕45圈,次级用φ0.12~0.15mm漆包线绕1500圈。其他元器件按图标选用即可。

24、节电式双日光灯电路

本例为一款节电式双日光灯电路,可大大降低电耗,除可用于家庭外,特别适应于商店、会堂等安装有许多日光灯的场所。电路如图2-24所示。

工作原理浅析:合上开关K,两日光灯管D1、D2经K1-1、SB、K1-2呈串联态,不能启辉。按一下启辉按钮SB,SB的常闭接点断开(防止电源短路),常开接点接通,虚线框内的电子延时电路通电,220V 市电经 C1 降压、DW 稳压、D1 整流、C2 滤波后得到约 12V 直流电压加在时基集成电路 IC 上。IC 是 555 时基电路,通电瞬间,由于 C3 上的电压不能突变,IC2、6 脚为高电位,3 脚输出低电平,继电器 J 吸合,K1 – 2、K1 – 1 断开,K1 – 4、K1 – 3 闭合。松开 SB 后,延时电路 K1 – 3 自锁供电。此时,两只日光灯和通常接法一样,经过数秒后启辉发光。再经过数秒后,随着 C3 的充电,IC2、6 脚电位渐低至 1/3VCC 时,3 脚跃变为高电平,K 释放,K1 – 3、K1 – 4 断开,K1 – 1、K1 – 2 闭合,两只灯管呈串联态工作,每只灯管承受一半电源电压而正常发光,同时,延时电路失电。

　　元器件选用参考:K 应选用具有两常开和两常闭触点的 12V 直流继电器,SB 选用具有常开常闭双触点的按钮,IC 用各种 555 时基电路均可,其他元件按图标选用即可。SB 与电源开关 S 装于一处。

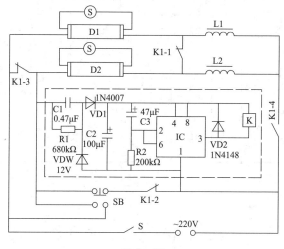

图 2 – 24

25、日光灯自动开/关电路

　　本例为日光灯自动开/关电路,如图 2 – 25 所示。

　　工作原理浅析:由图可知,白天可控硅 THT1 关断,日光灯断路不亮,夜间可控硅导通,日光灯接通点亮发光。T1 到 T4 的相关元件组成白天/夜间检测电路,其直流电源由整流输出经 R1/D5/C1 供给。

白天光线强,光电晶体管 T1 导通,T2 和 T3 截止,使 T4 导通,可控硅栅极无电流输入,因而截止,日光灯不亮。当夜幕降临,电解电容 C2 上的电压增加到足够高时,T2 和 T3 导通,T4 无基极电流输入而截止,晶体管的直流电源通过分压器 R6/R7/R8 向可控硅输入栅极电流,使可控硅导通,因此日光灯点亮发光。R9 和 R10 可防止 T2 和 T3 在开/关过程中出现的滞后,这样夜幕降临时电路不会出现重复接通和断开的现象。

元器件选用参考:该电路无特殊要求,按图标选用即可。

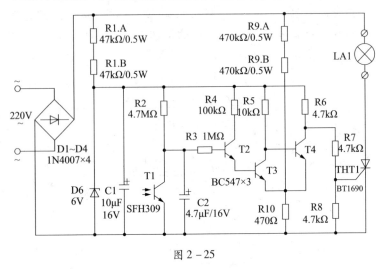

图 2 – 25

26、全电子日光灯启辉器

本例为一款能取代传统启辉器的全电子式日光灯启辉电路,电路如图 2 – 26 所示。

工作原理浅析:电源接通时,由于 D1 的整流作用,使流过 R1 的电流为脉动直流,并对电容 C1 充电。当 C1 两端直流电压达到一定值时,VTH 被触发导通,同时双向二极管 TNR 导通,这时 A、B 端相当于短接。市电经镇流器对灯管灯丝进行预热。另一方面,由于 TNR、VTH 的导通,

D1 的正极电位将低于负极电位,故 D1 截止,在灯丝预热期间,电容 C1 通过 R2、R3 放电后,VTH 控制极电位下降到不能维持 SCR 导通,于是 VTH 与 TNR 相继截止,灯丝预热时间即告结束,同时镇流器产生的感应电压与市电叠加,促使灯管启辉。灯管启辉后,A、B 间电压将小于 TNR 的击穿导通电压(OF729 的击穿电压为 ±220V),此时 TNR 相当于开路,故由 D1、R1 对 C1 充电产生的触发信号不会使灯产生二次启辉现象。这里双向过压保护二极管 TNR 是一种具有双向稳压二极管特性和双向负阻抗特性的器件。当两端电压超过其击穿电压时,将发生雪崩击穿(此时相当于短路)。它在导通状态下可承受不小于几十安培的电流,而导通后压降仅 ±1V 左右。

　　元器件选用参考:该电路元器件无特殊要求,按图标选用即可。

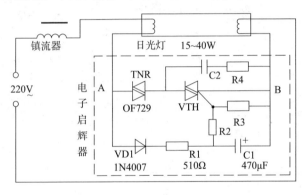

图 2 - 26

27、多支日光灯同步启辉电路

　　本例为一款多支日光灯管同步启辉电路,如图 2 - 27 所示。

　　工作原理浅析:由图可知,当电源开关 S 接通,+12V 即经电阻 R 加在继电器 K1 上,由于电容 C1 的存在,K1 不会立即吸合,这就使电容 C2 有足够时间充满电。当 C1 上电压达到 K1 的动作电压时,K1 吸合,C2 上电压通过接点 K1-1 使继电器 K2 吸合,其接点 K2-1 接通,交流接触器 CJ1、CJ2、CJ3 同时得电。由于每个接触器有 3 组接点,共 9 组接点,故这时9组接点 CJ1 – 1、CJ1 – 2……CJ3 – 3同时闭合,使9支日光灯管的灯丝同时预热。经过一定时间,C2上的电压低于J2的释放电压,K2释放,CJ1～CJ3失电,9支日光灯管同时点亮,曝光结束后,断开 K,9只灯同时熄灭。该电路中,只要灯管有足够的预热时间以及启辉电路能可靠地动作,就可保证各灯管可靠地同步启辉。本设计中灯丝预热时间为2.5s,气温低时可适当加大 C2以延长预热时间;交流接触器的触点的调节弹簧应调紧一些,以使触点断开时有较大的反弹力,这样更能保证已预热的灯管迅速启辉。

元器件选用参考:该电路元器件无特殊要求,按图标选用即可。

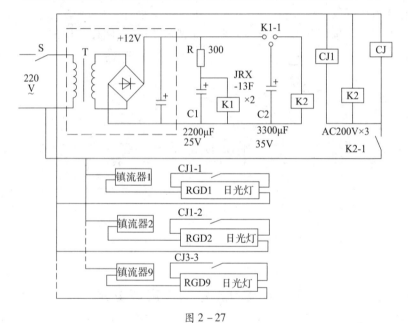

图 2 – 27

28、节能日光灯启辉器

本例为一款节能日光灯启辉器,电路如图 2 – 28所示。

工作原理浅析:由图可知,该电路实际就是一个倍压整流电路,它的另一个特点是用灯泡代替了常见倍压整流电路中所配置的电阻。这样,原电阻所消耗电能又被利用来发光,进一步节省了电能。

元器件选用参考:VD1～VD2:2CZ1000V/5A 铁封二极管,C1～C2:6μF/450V 电容,也可用洗衣机用的电容。电容器容量大小对灯管亮度有很大影响,容量太大会使寿命缩短,容量太小,亮度不足。

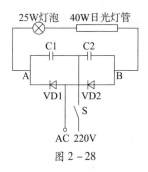

图 2－28

29. 高光效日光灯电路

在普通日光灯电路中串入电容可大大提高光效,达到节电目的,本例向读者推荐此项技术的电路能解决这一问题,电路如图 2－29 所示。

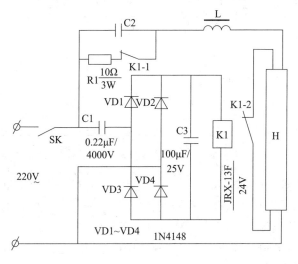

图 2－29

工作原理浅析:由图可知,电路中运用继电器来代替氖泡启动器,可做到一次性启亮,启动电压范围宽等优点。电路工作过程:合上 SK,电源一路经 R1、K1－1、L 提供灯管灯丝预热,另一路经 C1、VD1～VD4 降压整流提供给 J1,由于 C3 的充电,使 K1 延时吸合,达到使灯管灯丝充分预热的目的,一旦 K1 吸合、L 产生高电势将灯管启亮,同时 C2 串入供电

71

回路中,C2 的容量视灯管功率而定,当 40W 时,C2 为 2.5μ,30W 时为 2μ,20W 时为 1.5μ,耐压均为≥400V。这时节电率可达 20% ~30%。

该电路最低启动电压可达 180V,启动时间约 2s。

元器件选用参考:该电路元器件无特殊要求,按图标选用即可。

30、双荧光灯电子镇流器电路

本例为一款电子镇流器,供二支荧光灯管使用,电路如图 2 - 30 所示。

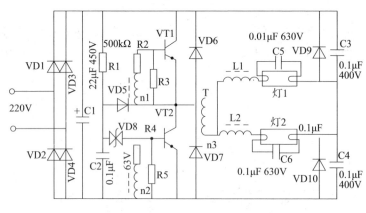

图 2 - 30

工作原理浅析:单、双荧光灯用电子镇流器,其桥式整流部分和高频振荡部分的原理和组成都是一样的,只是将二极管和三极管的型号改一下,例如桥式整流管 VD1 ~ VD4 改用 1N5399,1kV、1.5A,三极管 VT1、VT2 选用 MJE13009,VD6、VD7、VD9、VD10 选用高速二极管 FR107。

元器件选用参考:双灯的电子镇流器所不同的只是串联谐振用的扼流圈 L1、L2,以及谐振电容器 C5 和 C6 是一灯一套 L、C 的。L1 和 L2 用 E125 铁氧体磁芯,各用 φ0.38mm 高强度漆包线 150 匝左右,磁芯 EI 之间各垫二张厚纸片,磁芯必须用胶布包紧,再用绝缘漆浸过,既可固定又可防潮。C5、C6 必须选用高耐压、低损耗的 CBB13,630V,0.01μF,这二只电容器耐压一定要大于 600V。

图中,电阻 R1 1/8W 500kΩ,R2 ~ R5 均用 27Ω 的双灯电子镇流器输出,给每一荧光灯有四根线,分别接二头灯丝,宜用不同颜色的,以免接错了。

31、日光灯电子镇流器电路

本例为一款采用意、法半导体(ST)公司生产的 L6569 自振荡 MOS 栅极半桥驱动器 IC 设计的 CFL 电子镇流器,电路如图 2 – 31 所示。

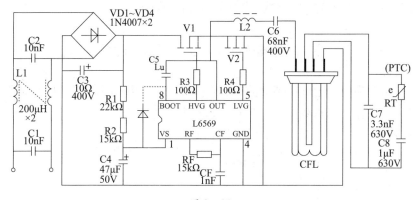

图 2 – 31

工作原理浅析:该电路的主要特点有三:一是由于采用了带有振荡器的驱动 IC,省掉了脉冲变压器;二是采用 MOSFE 作为功率开关,提高了镇流器的频率特性,克服了采用晶体管因二次击穿而毁坏的弊端;三是与采用 IR2155 或 MPIC2151 等驱动 IC 比较,可以省略自举二极管,电路更为简单。图中,R1、R2、C4 及 L6569 的 1 脚组成电源电路,为 Vs 提供 15V 的电源电压。Vs 的启动阀值电压是 9V,一旦 Vs 降至 8V 以下,欠电压锁定功能则使 IC 关断其输出。RF、CF 为定时电路元件,改变 RF 或 CF 数值,则可改变 IC 振荡频率 f_{ose},$f_{ose} = 1/(1.38 R_F \times C_F)$。为此,在 RF 电路中串接一只可变电阻,则可通过调节 IC 振荡频率实现调光控制。IC 内振荡类似于 NE555 时基电路内的振荡电路。L6569 振荡输出 VRF 通过内部的缓冲器和电平移位转换器,分别在 7 脚和 5 脚输出驱动脉冲,控制 V1、V2 两只功率开关管 MOSFET 交替导通,并且在 V1 的源极(即 IC 的 6 脚)输出方波脉冲,作为荧光灯的电源。由于 L6569 采用了独特的 DMOS 工艺并通过充电泵驱动,因而可以省略 1 脚与 8 脚之间的外接自举二极管,只通过 IC 内部的充电泵就可以自举电容 C5 充电。

元器件选用参考:输出用 LC 串联谐振电路,RT(PTC)热敏电阻用作灯阴极预热启动,可采用国产 MZ610。L1 采用 $\phi 10 \times 6 \times 5$ 的压塑磁环和 $\phi 0.25mm$ 漆包线绕制,每侧各为 15 圈。L2 的电感量视灯功率而定,约为 $6 \pm 0.5mH$。R1、R2 采用 1/2W 的金属膜电阻。V1、V2 采用 $V_{DSS} \geqslant 400V$、$I_D \geqslant 2A$ 和 $R_{DS(on)} \leqslant 3\Omega$ 的功率开关管 MOSFET。

32、蓄电池供电日光灯镇流器

本例为一款用刚充满电的 13.2V 蓄电池为 30W 日光灯供电的电子镇流器。蓄电池负载电流为 2.6A,镇流器工作频率为 $(20 \sim 25)kHz$,效率可达 85% 以上。电路如图 2-32 所示。

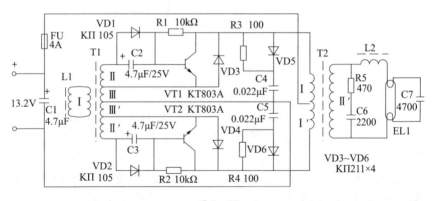

图 2-32

工作原理浅析:由图可知,13.2V 直流电压经逆变器变成 150V(p-p)的矩形脉冲交流电,加在串联谐振电路 L2、C7 和灯管 EL1 两端。L2、C7 的谐振频率等于逆变器输出脉冲的重复频率。T1、T2、VT1、VT2、VD1 ~ VD6、C2 ~ C5、R1 ~ R4 等组成推挽式发射极回授的自激间歇振荡器。T1 为反馈变压器,VT1、VT2 组成两组对称哈脱来振荡电路。接通电源后,13.2V 电压经升压变压器 T2 初级绕组Ⅰ、Ⅰ'加到 VT1、VT2 的集电极,并经 R1 和 R2 提供 VT1、VT2 启动偏置电流。因为元件参数的离散性和其他偶然因素,其中一只三极管集电极电流升高的速度会比另一只快。假设电源启动瞬间 VT1 集电极电流比 VT2 大,其发射极电流经 T1 绕组Ⅲ,使 T1 其他各绕组产生相应的感应电势。VT1 基极绕组Ⅱ产生正向电压通过 VD1 加到 VT1 的基极,使 VT1 发射极电流迅速增大,形成强烈的正反馈过程,同时对 C2 充电;而 VT2 基极绕组Ⅱ'产生负向电压使 VT2 迅速截止。当 VT1 饱和后其集电极电流不再增大,T1 各绕组感应电势消失,C2 通过 VD1 放电的同时为 VT1 发射结果提供反向偏置电压,使 VT1 集电极电流迅速下降,各绕组产生反向感应电势,VT1 迅速截止。与此同时,VT2 基极绕组Ⅱ'产生正向电压使 VT2 迅速饱和导通,其集电极电流迅速增大,该电流经 T1 绕组,使 VT2 饱和导通,VT1 截止的过程加速。上述过程的交替重复,VT1、VT2 集电极电流在 T2 初级形成正负双向脉冲电流,其次级产生 150V(p－p)感应电压,使日光灯 EL1 启辉发光。T1 绕组Ⅰ和外接的电感 L1 组成晶体管截止加速电路,附加电路 L1 使振荡波形上升沿和下降沿更为陡峭,有利于 VT1、VT2 减小损耗,从而提高变换器的效率。C4、VD5、R3 和 C5、VD6、R4,是为消除因 T2 漏感产生高次谐波而设,可避免脉冲上升沿的尖峰击穿 VT1 和 VT2。VD3、VD4 为阻尼管,在 VT1、VT2 截止时为 T2 初级绕组感应电势提供放电通路。

　　元器件选用参考:电感 L1 采用导磁率为 2000 的磁环绕制,其外径 7mm、内径 4mm、高 2mm,用 ϕ0.63mm 的漆包线绕 5 匝。L2 也采用导磁率为 2000 的磁环绕制,其外径为 40mm、内径 25mm、高 11mm,用 ϕ0.41mm 的漆包线绕 140 匝。T1 的磁环规格为 20×12×6mm,其中绕组Ⅰ和Ⅲ均采用 ϕ0.63mm 漆包线绕 3 匝,绕组Ⅱ采用 ϕ0.41mm 的漆包线绕 12 匝。脉冲变压器 T2 的磁芯规格为 40×25×11mm,初级绕组Ⅰ采用 ϕ0.8mm 漆包线绕 11 匝,首尾相接为中心抽头;次级用 ϕ0.41mm 漆包线绕 140 匝。电路中 VT1 和 VT2 的原型号为 KT803A,可选用 I_{cm} > 5A, BV_{ceo} > 150V 的大功率晶体管。VD1 和 VD2 可用快恢复二极管 FR101,VD3～VD6 可用 FR103 代替。

33、多色调光灯照明电路

本例为调光灯照明电路,它不仅可以调光,而且还可变成任何一种颜色。电路如图2−33(a)、(b)所示。

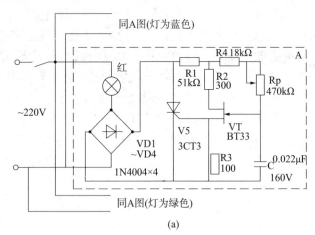

(a)

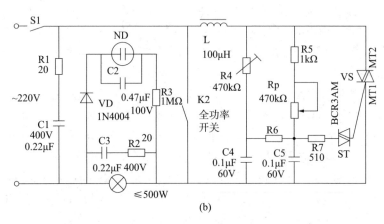

(b)

图 2 − 33

工作原理浅析:其中一个电路由三个普通调光电路并列而成。220V交流电通过灯泡,并经 VD1 ~ VD4 桥式整流后得到正弦脉动直流电压,加在单向可控硅阳极与阴极之间。这个电压经 R2 降压后供给触发电路。单结三极管 VT,电阻 R1、R3、R4,电位器 RP,电容 C 构成了可控硅的同步触发电路。在桥式整流器输出电压的每半个周期内,电容 C 被充电。当充电电压达到 VT 的峰值电压时,VT 立即导通。当 VT 导通后,E、B 间的阻值极低,R3 的阻值也较小,所以电容 C 上的电荷迅速通过VT 发射结和 R3 放电,并在 R3 上形成一个正向尖脉冲去触发 VS 使其导通。在 VS 导通的同时,也就有电流流过串接在桥式整流器输入端上的负载。VS 导通后,由于阳极与阴极之间的电压降很小,使 VT 又恢复到截止状态。当交流电电压过零点时,VS 便自动截止。当交流电下半周到来时,电容 C 又被重新充电,VT 再次导通,电容 C 又通过 VT 的发射结和 R3 放电,并在 R3 上产生正脉冲,去触发 VS 导通,于是不断重复上述过程。调节 RP 的阻值可改变电容 C 的充电速度。电阻越大,输出端的脉冲就会出现的越迟,起到了调节脉冲相位的作用,从而改变了 VS 在每半个周期内的导通时间,也就改变了负载上的电压的大小,即达到调光的目的。通过对绿、红、蓝三原色强弱的调节、混合,就达到万色调光之目的。

　　元器件选用参考:R1 用 1W,其余均用 1/4W。电容 C 选用耐压大于160V 质量较好的绦纶或金属膜电容。另外可用图 2 - 33(b)所示的双向可控硅调光电路依照图 2 - 33(a)形式并联,达到相同目的。

34、充电三用灯照明电路

　　充电三用灯照明电路如图 2 - 34 所示。

　　工作原理浅析:

　　(1)充电部分:当 K 置于"0"档时,该灯可用内藏伸缩式交流电插头直接插入 220V 市电,以 50mA(± 10%)的电流对电池盒中的电池充电。市电经 R1、R2 及 VD1 ~ VD4 降压整流后对 4 节电池充电,D7 防止电池反向放电。DZ、VD5 构成极限电压和电流保护电路,充电时 VD6 亮,VD5 随充电过程的进行由暗变亮,4 节 500mAh Ni - Cd 电池需充 10h。

　　(2)应急灯部分:K 置于 A 档时为荧光灯工作状态,所需高频电压由VT、W、C2、C3 及 T 组成的逆变电路提供,整机电流为 300mA 左右(4 节Ni - Cd 电池),调整 W 可改变工作电流大小。K 置于"B"为手电状态,置于"C"档为闪光报警状态(跳泡接通)。

元器件选用参考:该电路元器件无特殊要求,按图标选用即可。

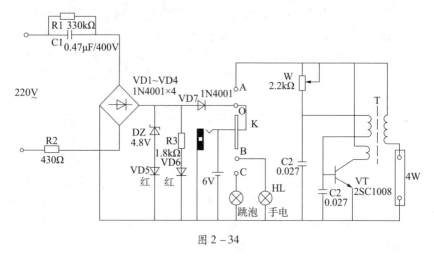

图 2 - 34

35、渐暗式照明灯电路

本例的灯光控制器在关灯时灯光不会马上熄灭,而是先使亮度维持一段时间,然后逐渐变暗直致熄灭。电路如图 2 - 35 所示。

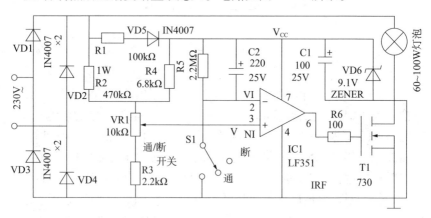

图 2 - 35

工作原理浅析:由图可知,输入电源电压经 VD1 ～ VD4 整流,运放 LF351 经 R1、VD5、C1 和 D6 网络获得 Vcc 电源。其同相输入端电压 VIN 的直流成分由 R4、R1 和 R2 分压取得,而 VIN 的纹波成分由电桥整流器 输出经 R2、VR1 和 R3 分压取得。S1 闭合后,IC1(2)脚反相输入端的电 压 VI 为零,电容 C2 向 Vcc 充电,运放立即输出 Vcc,使 MOSFET 导通,灯 泡发亮。S1 断开后,C2 经电阻 R5 放电。由于 VI 开始时不会马上大于 VIN 的直流成分 VDC,所以这时灯光维持亮度不变。当 VI 上升到超过 VDC 并与 VIN 的纹波部分相比较时,运放输出端维持为 Vcc 的占空比越 来越小,从 100% 逐渐减少为零,于是灯光强度也越来越弱,直到 VI 超过 纹波峰值时,灯光便完全熄灭。VR1 可在 40s ～ 2min 范围内调整延时 时间。

元器件选用参考:该电路元器件无特殊要求,按图标选用即可。

36、LED 阅读台灯电路

LED 台灯电路如图 2 - 36 所示。

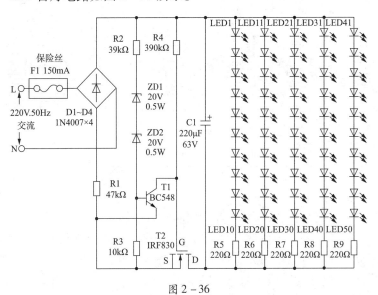

图 2 - 36

工作原理浅析:该电路使用 50 只白色 LED 排成 10×5 的阵列形式,然后用 220V 交流电源供电。交流电源用 D1～D4 桥式整流,用晶体管 T1 和场效应管 T2 维持 LED 阵列的恒定低电压,使它在输入电源电压有变化时也能保持台灯亮度的稳定。电桥整流器将交流电压力变换成脉动的直流电压。晶体管 T1 在脉动周期的每周,当电容 C1 端电压超过 40V,就驱动场效应管 T2 进入非导通区,以维持 LED 阵列的恒定低电压。电阻 R5～R9(每只 220Ω)串联在各自的 LED 支路,将流过 LED 的电流限制到安全值。

安装时,将 50 只 LED 在 PCB 板上布置成圆形阵列,并将此 PCB 板安装在台灯顶部,再加一只圆形的反射器以增加照度。由于电路与交流电源并不绝缘,所以不要触摸电路的任何部分,以确保安全。

元器件选用参考:该电路元器件无特殊要求,按图标选用即可。

37、音乐调光台灯电路

音乐调光台灯电路如图 2－37 所示。

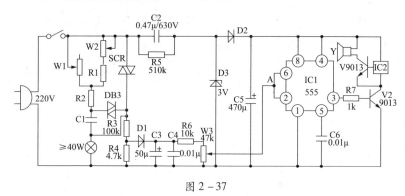

图 2－37

本例电路是在调光台灯电路的基础上,增加适当的元器件组成具有音乐功能的台灯。当你调节灯光较暗时,能自动播放你最喜爱的乐曲,当调节灯光亮时能自动关闭音乐,供你工作或照明。该电路主要由整流电路、调光电路和音乐控制电路等组成。

工作原理浅析:由图可知,W1、SCR、DB3、C1 等构成调光电路。C2、

D3、D2、C5 组成电容降压半波整流电路为音乐控制电路提供 3 V 的电源电压。R3、R4、D1、C3、W3 构成灯泡两端电压检测电路。当调节灯泡亮度时,电路中的 A 点电位随着变化。IC1 构成施密特触发器,当灯光比较暗,A 点电位低于 1 V 时,IC1 的 3 脚输出高电平,V2 导通,IC1 的 3 脚输出低电平,V2 截止,IC1 停止工作。

元器件选用参考:该电路元器件按图标数值选用即可,电路中的 IC2 可根据自已喜爱选择合适的音乐集成块。由于该电路与交流网无隔离,仿制时应注意安全,以防触电。

38、电脑同步台灯电路

电脑同步台灯电路如图 2 - 38 所示。

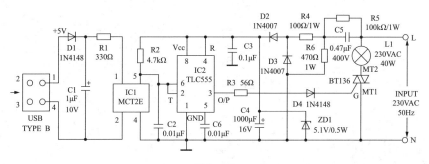

图 2 - 38

工作原理浅析:为避免可能的电磁辐射,电路的电源采用电容限流,再送到整流电路,给出控制电路所需的 5 V 直流工作电压,在电脑关断不用时,即使控制电路有交流电源存在,由于 IC2 的输出脚 3 为低电位,因此双向可控硅不会导通。光耦合器 IC1 将电脑与台灯控制电路隔开。电容 C1 用来旁路 USB 接口中可能存在的变化成分。R1 用来限制输入电流。

当电脑打开时,USB 端口中的 5 V 直流电压加至光耦器 IC1,IC1 立即导通,导通后其输出拉低 IC2 的 2 和 6 脚电位。于是 IC2 的输出电压变高,双向可控硅 BT136 的栅极 G 经 R3 和 D4 被触发,BT136 导通,完成台灯的供电回路,台灯于是接通发光。当电脑关断时,它连至光耦器的输入电压立即消失,使定时器芯片的 2 和 6 脚电位变高而无法行使其正常功能,这时其输出脚 3 变低电位,台灯自动熄灭。

将电路安装在普通 PCB 板上,用标准的 USB 电缆连接其输入端至电脑上一空闲的 USB 端口上,电缆一端用 A 型连接器,另一端用 B 型连接器。要注意的是,只有 5V 直流电压被用来作电脑状态检测。

元器件选用参考:该电路元器件无特殊要求,按图标选用即可。

39、步进式调光台灯电路

步进式调光灯电路如图 2 - 39 所示。

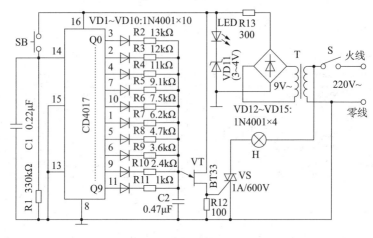

图 2 - 39

本例为一款用 CD4017 十进制计数器制作的调光台灯,因为不含电位器,故可杜绝因电位器磨损而产生的故障,具有寿命长、安全、可靠、步进式调光灯变化柔和等特点。

工作原理浅析:由图可知,市电经变压器 T 降压、VD12 ~ VD15 整流、LED 与 VD11 稳压输出 5V 左右脉动直流电压为调光电路供电。按下 SB,CD4017 在脉冲上升沿触发,Q0 ~ Q9 端依次输出高电平。假设某时刻输出端 Q4 为高电平(其余均为低电平),则第 10 脚(Q4)的高电平经 VD5、R6 向电容 C2 充电,单结晶体管 VT 第一基极输出尖脉冲触发双向晶闸管 VS,灯泡 H 得电。若再按动一次 SB,此时 Q5 输出高电平(其余均为"0"电平),第 1 脚(Q5)的高电平经 VD6、R7 向电容 C2 充电,由于 R7 阻值低于 R6,充电电流比 Q4 为高电平时增大,C2 充电到峰点电压的时间提前,VS 的触发脉冲提前,导通角增大,H 的平均电流增大,灯泡变亮。由于 Q0 ~ Q9 端外接电阻 R2 ~ R11 依次递减,C2 的充电电流依次增大,VS 导通角也依次增大,因此在按钮 SB 的控制下,达到步进式调光灯的目的。当 Q0 ~ Q9 依次为高电平时,灯泡逐级由暗变亮。该调光功能可周而复始地进行。

元器件选用参考:该电路元器件按图标数值选用即可。

40、灯具触摸调光电路

灯具触摸调光电路如图 2 – 40 所示。

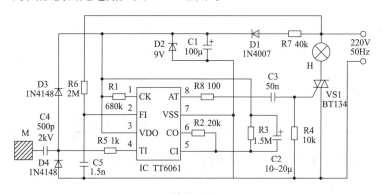

图 2 – 40

本例电路采用灯具触摸调光集成电路 TT6061 组成,该集成电路采用 CMOS 工艺制作,特点是工作电压范围宽,功耗低,灵敏度及稳定度高,抗噪性能好,电路简单,三级调光信号输出,可直接驱动双向晶闸管。

工作原理浅析:由图可知,TT6061 采用 8 脚 DIP 双列直插式封装,各脚功能如附表所示。交流市电经 R7 限流、D1 整流、C1 滤波及 D2 稳压后,加在 V_{DD}、V_{SS} 两端为电路供电(TT6061 工作范围为 4V ~ 10V)。时钟振荡频率一般为 300kHz ~ 500kHz,可通过调整 R1 确定。R1、R7 由电源电压确定,当市电为 220V/50Hz 时,R1 为 680kΩ(市电为 100V/60Hz 时,

R1 为 500kΩ, R7 为 20kΩ)。R6、C5 是过零检测取样元件,过零检测信号经市电火线上引出,由 IC 的 2 脚送入。

M 是触摸感应板,触摸感应信号经输入电容 C4 和 R5 耦合后,由 IC 的 4 脚送入,C4 的容值范围为 0 ~ 1000pF。D3、D4 组成双向限幅器,防止感应信号电压过高损坏电路。R2、R3、C2 组成谐波反馈网络,使电路工作稳定、抗干扰能力提高。触发控制信号由 8 脚输出,经 R8、C3 耦合直接触发双向晶闸管 VS1 驱动灯泡 H 发光。发光亮度由 VS1 的导通角决定,当连续触摸 M 时,按弱、中、强、关、弱……循环调光。

引脚	符号	功能
1	CK	时钟振荡电阻
2	FI	过零检测输入
3	V_{DD}	电源正端
4	T1	感应信号输入
5	CI	反馈滤波输入
6	CO	反馈滤波输出
7	Vss	电源负端(地)
8	AT	控制触发信号输出

元器件选用参考:电路元器件按图标数值选用即可。

41、护眼台灯照明电路

本例为一款护眼灯照明电路,如图 2 - 41 所示。

工作原理浅析:

(1)电源电路:由降压电容 C1、电阻 R9 及整流二极管 VD1、稳压二极管 VD3、滤波电容 C2 组成。接通电源,220V 市电经 C1 降压,VD1 整流,C2 滤波,VD3 稳压后,输出 6V 电压为调光、光线检测控制回路供电。VD2 用于保护 VD3。

(2)照明主电路:由照明灯泡 EL、双向可控硅 VS 组成。VS 触发极

G 受调光电路输出电平控制,VS 的导通程序实现对灯泡亮度的控制。

（3）调光控制电路:由集成块 IC1 及外围元器件、触摸电极片组成。接通电源,用手触摸一下(时间≤0.33s)金属电极片时,通过 R4、R5 将人体感应信号加至 IC1 的输入端 5 脚上,IC1 的 8 脚输出高电平,该高电平经 R2 触发 VS 导通,灯泡 EL 受电点亮。若 IC1 的 8 脚输出翻转为低电平,双向可控硅管 VS 截止,灯泡 EL 失电熄灭。当手触摸电极片时间 >0.33秒时,IC1 的 8 脚输出变化的调光信号电平,并控制 VS 导通角变化达到调光的目的。只要掌握触摸电极片的时间,即可调整到需要的亮度。

（4）光线检测电路:由三极管 VT1、VT2、电位器 RP1、光敏电阻器 RG、发光二极管 LED 及 R6、R7、R8 组成。若灯泡亮度合适不会对人视力造成损害时,RG 受合适光照而呈低阻状态,VT1 截止,VT2 截止,LED 不亮。如果灯泡亮度不合适时,RG 呈高阻状态,VT1 导通,VT2 导通,LED 亮,提醒及时调整亮度。

元器件选用参考:该电路无特殊要求,元器件按图标数值选用即可。

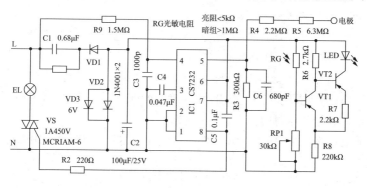

图 2－41

42、恒光护眼灯照明电路

恒光护眼灯照明电路如图 2－42 所示。

工作原理浅析:打开电源开关 K 后,市电通过 100Ω 限流电阻,经二极管 D1～D4 桥式整流,再经 C1、C6 滤波(这里 C1 只对高频波起滤除作用），得到 400V 直流电压。在整流与滤波电路之间插入了由 IC（FAN7527）、B1、T1、QFP6N50 灯组成的功率因数校正（PFC）升压变换器，以此来抑制交流输入电流的波形畸变。变换器输入电压通过 R1 和 R2 组成的分压器采样，经 IC 的 3 脚到内部乘法器进行监测；C6 两端的直流输出电压，由 R10 和 R17、R18 组成的分压电路取样，通过 IC 的 7 脚输入到以 2.5V 为基准的误差放大器；流过升压电感 B1 的电流通过副边绕组取样，通过 IC 的 7 脚输出信号经 R16 加至功率场效应管 T1 控制极（mosfet）。当 T1 导通时，二极管 D6 截止，流过 B1 的电流全部通过 T1；当 T1 截止时，D6 截止，流过 B1 的电流全部通过 T1；当 T1 截止时，D6 则导通。电感 B1 只要降落到零电平，IC 驱动 T1 导通，电感 B1 的电流线性增加；只要 B1 电流达到峰顶，T1 则关断，B2 电流线性下降。在 IC 的 7 脚输出的是一个随电感电流变化的脉冲信号，控制 T1 的通断。由于 IC 的控制作用，电感电流的峰值时刻跟随交流输入电压变化轨道，从而保证了交流输入电压与电流同相，且不失真，使功率因数大大提高。通过 PFC 变换器升压，市电在 90V ～ 265V 范围内，C6 两端得到经升压的 400V 非常稳定的直线电压。

　　直流 400V 经 R16 对 C7 充电，当 C7 上充电电压达到约 28V ～ 36V 时，双向触发二极管 D10 导通，继而 T3 基极得电导通，经变压器 B2 耦合，在 T3 由导通跃变为截止时，T2 则由截止跃变为导通。这样 T2、T3 交替工作，形成振荡状态。输出信号使 L、C11 组成的串联谐振电路，产生一个较高的电压，使灯管击穿二发光。

　　元器件选用参考：电路元器件无特殊要求，按图标数值选用即可。

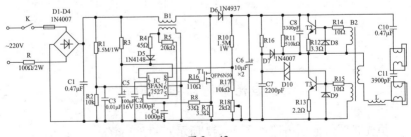

图 2 - 42

43、电视机专用照明灯电路

电视机专用照明灯电路如图 2 – 43 所示。

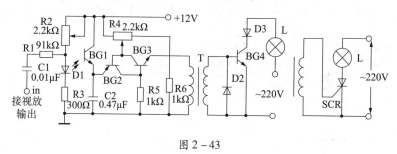

图 2 – 43

工作原理浅析:光电转换电路主要由发光二极管 D1 和光敏三极管 BG1 组成。来自电视机输出级的信号,其强弱与电视机屏幕亮度同步变化。同时,发光二极管的亮度也随之同步变化。发光二极管 D1 与光敏三极管 BG1 组装在同一管壳里,光敏三极管 BG1 所呈现的阻值,随光强有相反的变化。综上所述,当电视屏幕光强时,BG1 阻值变小;而电视屏幕光弱时,BG1 阻值变大。当 BG1 阻值变小时,由 BG2 和 BG3 组成的振荡器的振荡频率增高。该振荡信号由变压器耦合到 BG4,使其导通的频率增高。即在单位时间内导通次数增多,流过灯泡平均电流增大,灯泡变亮。反之,BG1 阻值变大时,灯泡亮度变弱,这就使电视屏幕亮度变弱。这就是电视屏幕亮度强时,小灯泡亮度也强,电视屏幕亮度弱时,小灯泡亮度也弱的效果。

元器件选用参考:晶体管 BG2 和 BG3 分别选用 3CG110 和 3DG6,而 BG4 选用 3DD164E 或 3DK208G。也可采用灯泡供电电路,此时的可控硅 SCR 选 3CT 型,其反向电压应高于 300V,电流 1A。变压器 T 选收音机中的小型输入变压器,将其中心抽头空着不用,其匝比改为 1:1。

44、 调光台灯控制电路

本例为一款用 CD4017 十进制计数译码器集成电路制作的调光台

87

灯,电路如图2-44所示。

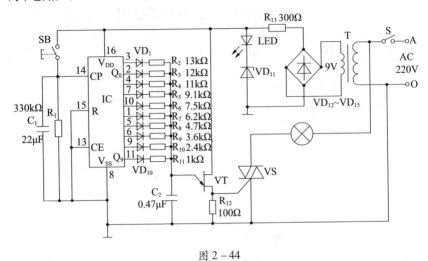

图2-44

工作原理浅析:市电通过变压器 T 变压整流,经 LED 与 VD11 稳压在 5V 左右供给调光器。集成电路 IC 构成脉冲上升沿触发,Q0～Q9 端依次输出"1"电平。当按钮 SB 接通时,IC 相当于输入一正向脉冲,若设此时输出端 Q4 为"1"电平(其余均为"0"电平),则"1"电平通过二极管、R6 向电容 C2 充电,通过单结晶体管 VT 触发双向晶闸管 VS,使灯泡得电。若要调整电灯亮度,可再按动一下按钮 SB,此时输出端 Q5 为"1"电平(其余均为"0"电平),此"1"电平通过二极管、R7 又向电容 C2 充电,由于 R7 之值小于 R6 之值,充电电流较 Q4 为"1"电平时大些,C2 充电快些,双向可控硅 VS 的触发脉冲前移,VS 导通角度增大,使得灯泡上电压值也大些,则灯泡更亮。根据所设电阻,控制电容 C2 的充电电流,可达到改变双向可控硅的导通角之目的。在按钮 SB 的控制下(即输入脉冲)灯泡连续调光。当 IC 输出端 Q0～Q9 依次为"1"电平时,灯泡连续由暗变亮。此连续变化可周而复始地进行。

元器件选用参考:IC 可选用 CD4017 等,按钮 SB 可为小型的。二极管 VD1～VD10 和 VD12～VD15 选用 1N4001。VT 可选用 BT32、BT33、分压比 $\eta \approx 0.7$。双向可控硅 VS 规格为 1A、400V 或 1A、600V。电源变压器为 220V/9V,容量≥2W。发光二极管 LED 为红色,正向压降为 2V。

稳压管 VD11 稳压值在 3V ~ 4V 之间。其他元件无特殊要求。

45、多用电话台灯电路

本例电路当夜间电路响铃或摘机时灯会自动点亮,挂机后延时 45s 灯自行熄灭。电路如图 2 - 45 所示。

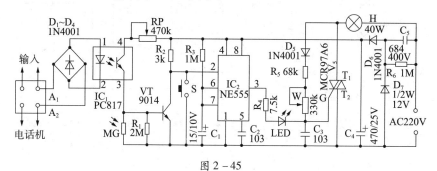

图 2 - 45

工作原理浅析:A1、A2 串接于电话线路中,当响铃或摘机有电流通过 IC 时,内部发光管发光使对应光敏管导通,VT 获基极电压饱和导通,给单稳触发器 IC2 的 2 脚送入负脉冲,使 IC2 翻转进入暂态,3 脚输出高电平,VS 触发极获电流开通 220V 交流回路,点亮灯 H。通话完毕挂机后整个电话灯电路恢复前状。由于 IC2 的 6、7 脚接入了 R3 和 C1 组成的延迟电路,每次挂机后灯 H 可延时 45s 后自行熄灭。作延时灯使用时其原理同上。该电路由 MG、RP 组成光控电路,白天或室内有其他照明光时,由于藏于台灯座旁受光孔内的 MG 受光照射呈低阻,使 VT 基极偏置减小,即使 IC1 导通工作,VT 始终保持截止状态,整个电路不工作,灯 H 不亮,只有夜间和无灯光时 H 才点亮。

元器件选用参考:该电路元器件无特殊要求,按图标选用即可。电路设置的 D5、R5、W 可调触发电路,可调节可控硅 VS 导通角,使灯平时用于调光照明。两种触发方式一样,响铃或摘机时电话灯电路仍正常工作,同时有 LED 指示。电路平时接上交流电源,灯 H 不亮时不耗电,不设调光灯开关,关灯时只需调灭灯即可。

46、壁灯三级调光电路

本例电路仅用一只双刀三掷开关即实现了壁灯全亮、半亮和微光三种亮度调节,电路如图2-46所示。

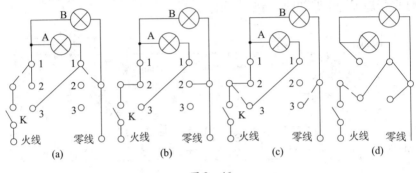

图2-46

(1)当开关置于上端1的位置时,两只灯并联,全亮(图(a))。

(2)当开关置于中间2的位置时,灯A亮、B不亮,实现半亮(图(b))。

(3)当开关置于下端3的位置时,灯A、B串联,每只灯只有1/4的亮度,实现微光(图(c))。

此装置非常简单,只需一只微型三位拨动开关装于壁灯上即可。如只需全亮和微光两种亮度,则只需一个二位拨动开关(图(d))。

元器件选用参考:该电路元器件无特殊要求,按图标选用即可。

47、床头延时灯电路

本例为一款床头延时灯电路,是采用一块普通的14级二进制计数器CD4060组成。电路如图2-47所示。

工作原理浅析:IC为CD4060,其10脚为Vcc端,8脚为地端,12脚为复位端,7脚为Q4端,3脚为Q14端,9、10、11脚外接振荡阻容元件。振荡频率由电容C4以及电阻R4、W决定。

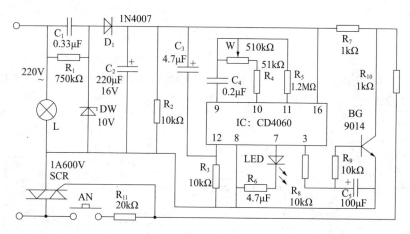

图 2-47

平时可控硅处于关断状态,同时整个延时电路也无电。当按下按钮 AN 时,交流市电经 R11 为可控硅 SCR 提供触发电流,SCR 导通,灯亮。

与此同时,灯泡两端的电压经 C1 降压、D1 整流、DW 稳压后,在 C2 两端得到约 10V 的直流电。由于 C3 的作用,IC 被复零,3、7 脚均输出低电平。对应三极管 BG 截止,C2 两端的直流电通过 R7、R10 使 SCR 继续保持导通。

IC 复零后,内部振荡器开始振荡,振荡频率约为 $1/2.3C_4(R_4 + W)$,对应 7 脚所接的发光管闪烁。W 阻值调到最大时,振荡周期约为 0.25s,对应延时约为 $(2^{14} - 1 \times 0.25)$s,即 33min,此时发光管的闪烁周期为 24×0.25s,即 4s(亮 2s,灭 2s)。W 阻值调到最小时,振荡周期约为 0.023s,对应延时约为 3min,此时发光管的闪烁周期约为 0.4s。从此可以看到、发光管的闪烁速度可以反映出延时时间的长短。

延时时间一到,3 脚输出高电平,BG 饱和,SCR 不再有触发电流而关断,结果灯熄灭,延时电路也无电而停止工作。电阻 R2 为电容 C3 提供放电回路。

元器件选用参考:BG 为 9014 或其他小功率 NPN 硅管,要求 $\beta > 30$。C1 为 0.3μF/400V 电容。LED 为 3mm 红色发光二极管或高亮度发光管。W 为 510kΩ 线性电位器。

48、太阳能闪光灯电路

太阳能闪光灯,它白天不闪光,利用太阳能电池给蓄电池充电,晚上由蓄电池供电,发出闪光。电路如图2-48所示。

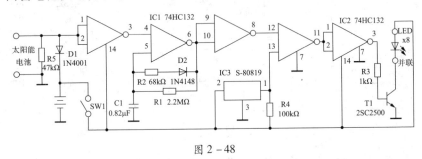

图 2-48

工作原理浅析:

(1)闪光电路:由IC1的与非门构成RC振荡器,如果没有图中的R2及D2,这个振荡器的占空比为50%,LED闪光时将消耗较多电能。追加了R2、D2后,就可改变R2的阻值来调整占空比,当R2为68kΩ时,占空比约为5%,R2为33kΩ时,占空比约2.5%。

(2)LED驱动电路:振荡信号从IC1的8脚输出到12脚,过放电检测电路的信号从IC3的1脚输出到IC1的13脚;当蓄电池不在过放电状态时,IC1的13脚为高电平,IC2的3脚将输出与IC1的8脚相同的振荡信号,在信号的高电平时段,驱动T1导通使LED发光。如果蓄电池处于过放电状态,则IC1的13脚为低电平,11脚为高电平,IC2的3脚将是低电平,使T1截止,LED不亮。

(3)过放电防止电路:过放电检测选用复位专用集成电路S-80819,当其2脚(输入端)与地间的电压低于1.9V时,其输出端1脚为低电平,即IC1的13脚为低电平,LED不能点亮。当IC3的2、3脚间电压超过2.0V(IC3内部有0.1V的滞后)时,过放电状态解除,其输出端1处于开路状态,由于上拉电阻R4的存在而呈高电平。

(4)昼夜判别电路:它是利用太阳能电池的输出电压来判断,白天时,太阳能电池的电压高于IC1的阈值,IC1 3脚为低电平,振荡器停振,

LED 不闪光。与太阳能电池并联的 R5 用以调整昼夜判别的灵敏度,并可防止导常振荡。

元器件选用参考:太阳能电池选多结晶硅材料的电池板,最大输出电压 4.7V、最大输出电流 95mA;蓄电池为 4V/2.5Ah;D1 为充电防逆流二极管;LED 为八只高亮发光二极管并联;IC1 和 IC2 采用二输入四与非施密特触发器 74HC132,不用的与非门应将其两个输入端短路后接至电源"+"端。其他元器件按图标选用即可。

49、光控延时楼道灯电路

光控延时楼道灯电路如图 2 - 49 所示。

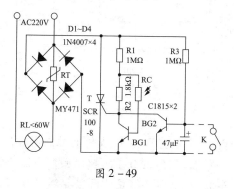

图 2 - 49

工作原理浅析:白天不使用时,光敏电阻 RC 的阻值因光照而降至 5kΩ 以下,BG1、BG2 都饱和导通,晶闸管 T 无触发电流而截止。此时即使按下开关 K 也不能使楼道灯点亮。只有当楼道的光照较暗时,RC 的阻值增大到 2MΩ 以上,BG1 才会截止。此时按下开关 K 后,C 上电压即 BG2 的基极电压降为 0V,于是晶闸管 T 导通,楼道灯点亮。当放开开关 K 后,由于 C 上电压不能突变,有一个充电过程。C 的充电时间等于延时时间,所以只要改变 C 的大小,就可改变延时的时间。

不使用时,电流小于 0.2mA,耗电极微。在开关 K 上可并联若干个 K,以实现多点控制。压敏电阻 RT 的作用是吸收浪涌高压,以保护电路的元器件安全,特别是雷电的破坏作用,可减低到最轻程度。

元器件选用参考:电路元器件按图标数值选用即可。

第三章　报警器、生活安全及警示电路

1、司机瞌睡报警电路（一）

司机瞌睡报警电路如图3－1所示。

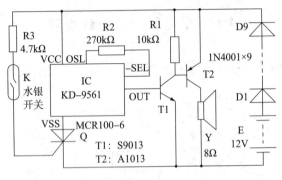

图 3 - 1

工作原理浅析:K 为水银开关;Q 为普通单向可控硅;IC 为警笛声模块(KD－9561);Y 为 $\phi = 2.5$cm、0.1W 超小型扬声器。电源从车上点烟器插口用专用插头取出(该专用插头实际就是汽车从点烟器插口取电的应急充电插头,市场上有售),经过9 只1N4001 二极管降压(9×0.75V ＝ 6.75V)后,加在 IC 供电端电压约为6V(汽车在行驶中,蓄电池端电压会略高于额定电压)。所有元件可安装在一个印板上,水银开关 K 焊接时倾斜的角度,应根据司机驾驶时头部的习惯位置调整好,使在正常驾驶姿势时水银开关不导通。整个印板固定在一个用有伸缩性的扁平带制成的头箍上。

司机开车时,将头箍戴在头上。当打瞌睡头部垂下或头部晃动或身体倾斜时,水银开关中的水银因流动会将报警电路的电源接通,从而使可控硅触发导通。于是扬声器立即发出警笛报警声,使司机立即惊醒,去休息或更换司机。值得一提是,一旦可控硅被触发导通,即使水银开关已断开,扬声器发出的报警声还是会响个不停,这是因为可控硅一旦导通,不在可控硅控制极加负电压,它不能关断。只有将电源插头从点烟器插口中取出(切断整个电路电源),报警声才能停止。

元器件选用参考:该电路元器件按图标数值选用即可。图中元件数值是按 12V 电源设置的,若车上电源为 24V,则应增加降压二极管个数。

2、司机瞌睡报警电路(二)

司机瞌睡报警电路如图 3 - 2 所示。

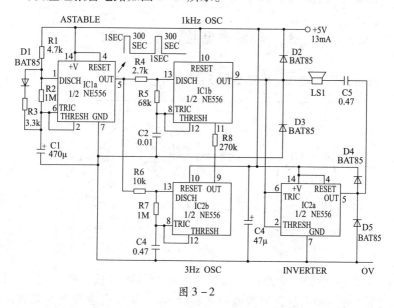

图 3 - 2

本例为一款可避免驾车者打瞌睡或注意力不集中的提示器电路。其工作过程是每 5min 产生三次可听到的 1kHz "哗卟"声。

工作原理浅析:图中的 IC1 被接成一个无稳态自激振荡器,借助一个 470μF 的电解电容 C1 来产生基本的 1s/300s 的定时周期脉冲。上电后,电源电压经 BAT85 二极管 D1 和 3.3kΩ 电阻 R3 对 C1 充电约 1min,然后经过电阻 R2(1MΩ)和 IC1a 的引脚 1 放电,即在开关电源中常用的那种电容。

还有二个自激振荡器,其中 IC1b 工作在 1kHz,而 1C2b 工作在 3Hz。

95

注意,这二个振荡器只有在 IC1a 的输出引脚 5 脚为高时才振荡。3Hz 振荡器的输出经 270kΩ 电阻 R8 输入到 1kHz 振荡器的控制电压输入脚 (11 脚),以实现 3Hz 振荡对 1kHz 振荡的调制,使其产生断续音。此电路工作在 5V 至 12V 直流。样机在不发生时且供电电压为 5V 状态下耗电 13mA。音频耗电随电源电压的增加而增加。IC2a 做反相器用,以实现信号被压后才加至扬声器 LS1。在 IC2a 和 IC1b 的输出引脚上接有高速二极管 BAT85(D2 ~ D5)以仰制信号的过渡历程。

元器件选用参考:电路元器件按图标数值选用即可。

3、异常声音检测报警电路

异常声音检测报警电路如图 3 - 3 所示。

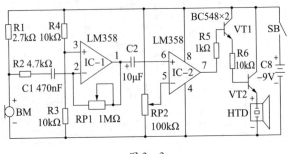

图 3 - 3

工作原理浅析:电路由双运算放大器 LM358 为核心构成,它可以自动搜索 6m 范围内的任何微弱声音振动,并将其变换成响亮的嘟嘟声发出报警。可将它放在家里,如车库、贵重物品存放处等,可以连续监听异常声音的出现,起到一定的防范保护作用。

电容式话筒 BM 为高灵敏度的声音检测传感器,R1 为偏置电阻,调整 R1 可改变声音检测距离。话筒 BM 将拾取到的微弱声音振动信号转换成电信号,经 R2、C1 耦合至 IC - 1 的 2 脚进行放大,放大后由 1 脚输出,送至比较放大器 IC - 2 的 6 脚,再经 7 脚取出,由达林顿对管 VT1、VT2 驱动压电蜂鸣器 HTD 发出嘟嘟报警声。RP1 可调整 IC - 1 放大倍数,RP2 可调整 IC - 2 基准比较电压。

元器件选用参考:该电路元器件按图标数值选用即可。

4、简易声控报警器电路

简易声控报警器电路如图3-4所示。

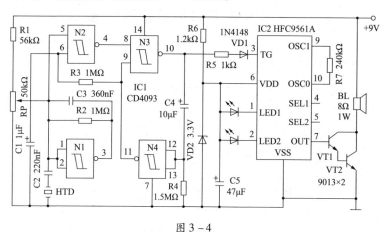

图3-4

工作原理浅析:该报警器体积小造价低。如果有不速之客侵扰或撬动门窗发出声响,报警器就会发出响亮的报警声,可以吓跑不速之客,并引起主人或邻居的注意。

报警电路由一片内含施密特触发器的二输入端四与非门 CD4093（IC1＝N1～N4）和一片 PCB 软封装四声报警芯片 HFC9561A（IC2）组成。HTD 为压电蜂鸣器,它将拾取的声音转换成电信号,经 N1 进行放大后送至由 N2～N4 组成的单稳态触发器。在正常情况下调整 RP 使 N2 的 5 脚为低电平,又因N4（接成反相器）输入端 12、13 脚经 R4 接地,10 脚输出高电平,故 N310 脚输出低电平,报警器不响。只有 HTD 检测到声响,N1 有交流电压输出,使 N2 的 5 脚变为高电平时,N3 的 10 脚就有一定宽度的单稳脉冲输出,使 VD1 导通并触发 IC2 工作。此时报警信号经VT1、VT2 放大,推动扬声器 BL1 发出报警声,同时 LED1、LED2 频闪发光。报警声音频率可通过振荡电阻 R7 调整。限流电阻 R6 和稳压管器VD2 为 IC2 提供3.3V 工作电压。HFC9561A 为四声响报警集成电路,工作电压2.4V~3.6V,静态电流150A。通过改变SEL1(4脚)、SEL2(5脚)接法,可获得四种不同的声音。电路的单稳态时间由R3、C1决定,报警持续时间由R4、C4决定。

元器件选用参考:该电路元器件按图标数值选用即可。

5、 光电断路防盗报警器电路

光电断路防盗报警器如图3-5所示。

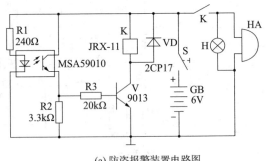

(a) 防盗报警装置电路图

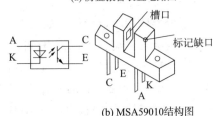

(b) MSA59010结构图

图3-5

该报警器是利用光电断路器(也称光敏传感器、光阻拦器、光岔断器)及少许元器件组成,具有结构简单、工作稳定可靠、安装快捷等特点。

工作原理浅析:由图可知,MSA59010为透射型光电断路器,结构如图3-5(b)所示。它是由发光二极管及光电三极管组成的光电器件,既是一种电光开关,也是一种常用的电光传感器。当红外发光二极管中有一定电流流过时,其发射的红外线通过槽口被光电三极管接收,当有不透明板插入槽口时,由于红外线被阻挡,光电三极管的电流就会变得极小,其 c、e 极相当于开路。

需要防盗时,将开关 S 合上(图 3 - 5(a)),情况正常时,安装在门框、窗框、抽屉等处的电光断路器,由于有挡板插入槽口,光电三极管仅有极小的暗电流(小于 0.1μA),三极管 V 不导通,继电器 K 失电吸合,电铃 HA 和灯泡 H 均失电不工作。而当情况异常时,门、窗、抽屉等被撬,此时挡板离开槽口,电光三极管的光电使电阻 R2 上产生接近电源 GB 的电压,V 获得足够大的正向偏置电压而导通,K 得电吸合,HA 得电发出报警响声。H 得电发光。

元器件选用参考:该电路元器件按图标数值选用即可。

6、 光控式防盗报警器电路

光控式防盗报警器电路如图 3 - 6 所示。

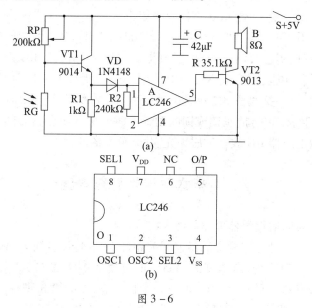

图 3 - 6

本例光控式防盗报警器可用于抽屉或保险柜防盗报警,一旦抽屉或保险柜被非法打开,报警器就会发出响亮的报警声响。它主要由光敏传感器及防盗报警集成电路等组成。

工作原理浅析：图 3 - 6(a)中 RG 为光敏电阻,它与 RP 组成分压器,平时当抽屉或保险柜处于关闭状态时,RG 无光照呈高阻,分压为高电平,VT1、VD 导通,报警集成电路 A 的振荡端 OSC1 的 1 脚钳位在高电平,A 内部振荡器起振,5 脚输出报警信号经 VT2 推动扬声器 B 发声。如果主人用钥匙开柜或打开抽屉,因开关 S 与锁联动而切断电源,所以不会发出报警声。

调节 RP 改变分压电平高低,可以改变光控报警的阈值点,调节光控灵敏度。

元器件选用参考:A 选用 LC246 报警集成电路,图 3 - 6(b)是它的引脚功能,其电源电压 2.4 ~ 5.0V,驱动电流大于 3mA,静态电源小于 150μA,可选四种模拟音响,第 2 选声端 SEL2 悬空时,第 1 选声端 SEL1 接高电平 V_{DD} 发出消防车声,接低电平 V_{SS} 发救护车声,悬空发警车声;SEL2 接高电平 V_{DD} 时,不管 SEL1 接任何电平,均发短促的报警声。该电路 SEL1、SEL2 都悬空,故扬声器发报警声。

VT1 用 9014 等 NPN 三极管,$\beta \geqslant 100$;VD 用 1N4148;RP 最好采用 WSW 型有机实芯微调可变电阻器,提高电路的可行性;RG 用 MG45 光敏电阻,其余电阻均用 RTX - 1/8W 碳膜电阻;C 用 CD11 - 10V 电解电容;B 用 YD57 - 2 型等 8Ω 小型电动扬声器。电源用 5V 稳压电源供电。S 需要自制,使它与抽屉锁或锁联动锁上时开关 S 闭合,锁开时 S 断开。应将光敏电阻器 RG 放在关屉无光、开屉见光的的地方。

7、声光式防盗报警器电路

声光式防盗报警器电路如图 3 - 7 所示。

该电路由钟控定时交流延迟开关和灯光、音响设备两大部分组成。

工作原理浅析:由图可知,"555"时基集成电路 A 与 R3、C2 等构成单稳态触发器。平时,单稳态电路处于稳定态,A 的第 3 脚输出低电平,继电器 K 不吸合,其常开触点 K1 - 1 打开,交流 220V 电源输出插座 XS1、XS2 对外不送电。夜晚,当虚线框内所示的电子表按预先调定时间报闹时,取自表内压电蜂鸣片 B 两端的部分报闹电信号经 C1 耦合至 VT 基极与发射极之间,使 VT1 导通,其集电极输出负脉冲电信号,触发 A 立即翻转进入暂态。此时,A 的第 3 脚输出高电平,K 得电吸合,其常开触点 K1 - 1 接通 XS1、XS2 的电源,使被控台灯和音响装置自动通电工作。经过一段时间(延迟时间),单稳态电路结束暂态翻回稳态,A 的第 3 脚恢复低电平,K 断开释放, K1 - 1 切断 XS1、XS2 输出电源,从而使被控灯光和音响装置自动断电停止工作。

电路中,我们巧妙地将 A 的控制端第 5 脚通过二级管 VD1 接通电源正端(Vcc),使得 C2 两端充电电压由原来的 2/3Vcc 提升到 - 0.6V 时,单稳态电路才结束暂态,从而无需选用大容量延时电容器 C2,即可获得所需数小时的延迟时间。

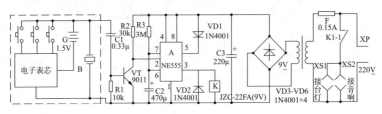

图 3 - 7

元器件选用参考:A 选用 NE555 或 μA555、5G1555 等型时基集成电路。电子表用具有报闹时间的那一种,要求不带整点报时或具有整点报时“取消”功能。K 用 JZC - 22FA - DC9V - 3A 超小型中功率继电器。T 用 200V/9V、1.5W 小型成品电源变压器,要求长时间通电运行不过热。XS1、XS2 用机装式交流电双孔插座。XP 用交流电二级插头。其余元器件无特殊要求,参数见图所标。

8、红外感应开关报警器电路

红外感应开关报警器电路如图 3 - 8 所示。

本例为一款用 V - 04 光控红外感应开关改装的报警电路,该红外线感应开关采用先进的 PIR 人体热释电红外传感器作探测器,灵敏度高,对人体移动所释放的特定波长的红外线特别敏感,误动作率极小。该电路采用专用模块 WT8072,具有电路简单、不用调试、稳定性高、功耗极低等优点。

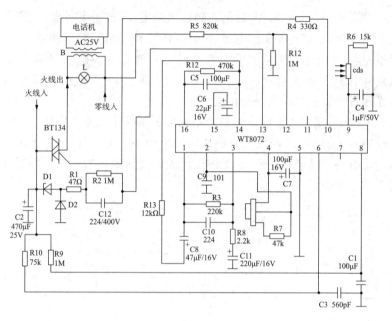

图 3－8

工作原理浅析：由图可知，AC220V 电压经 D2、C2、D1 整流、滤波、稳压后得到 5V 直流电压，为 WT8072 供电（13 脚），并由内部基准稳压后产生 3.1V 电压供给 PIR。当有人或其他动物在 PIR 的探测区域内以 0Hz～10Hz 的频率活动时，PIR 就会把他们所释放出来的微弱红外线信号检测出来并送到 WT8072 的 2 脚，经内部两级放大后从 10 脚输出控制信号，触发双向晶闸管导通，使负载得电工作。

光敏电阻 cds、R6、C4 等组成光控电路。白天，cds 的阻值低于 10kΩ，此时，无论 PIR 有无感应信号输入，WT8072 的 10 脚均无控制信号输出，BT134 截止，灯泡 L 不亮，电话机不响。到了夜晚，cds 的阻值增至几 MΩ，当 PIR 有感应信号输入时，10 脚立即输出控制信号，使 BT134 导通，灯泡 L 常亮，电话机发出悦耳铃声。WT8702 的 6、8 脚所接的是输出延时定时元件。

灯泡 L 安装在阳台下面，电话机安装在室内，V－04 感应开关安装在当道的隐蔽处，其监控角度以刚好覆盖入屋通路为佳。10W 小型变压器 B 固定在电话机内的空隙处，接好相关线路即可。当有人来探访时，一进监控区,灯泡自动点亮,起到照明作用,电话机亦发出悦耳铃声。

元器件选用参考:该电路元器件按图标数值选用即可。

9、防盗门报警器电路

防盗门报警器电路如图 3 - 9 所示。

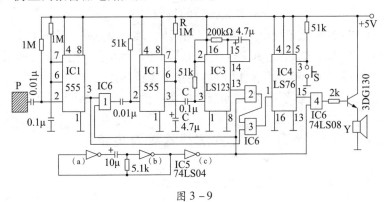

图 3 - 9

本例为一款接触式延时防盗报警器,用作门锁防盗报警器,若开锁时钥匙与锁接触时间比正常的开锁时间长,该电路就会发出报警器。由图可知,其中 P 为门锁,IC1、IC2 等组成延时时间较长的单稳态电路,IC3 等则构成窄脉冲单稳态延时器,IC4 及其外围元器件用作置位触发,IC5 (a)、(b)构成时钟脉冲振荡器。

工作原理浅析:当人体未接触门锁 P 时,IC1 ~ IC3 均输出低电平。按动开关 S 使 IC4 输出低电平,此时 IC5 的振荡信号不能通过 IC6 的门 4,3DG130 截止,扬声器 Y 不发声。

当开门者用钥匙接触门锁 P 的时间较长,IC1 被感应电压触发输出高电平,时钟脉冲通过 IC6 的门 1 触发 IC2 输出延时约 5s 的高电平。IC2 延时结束后,输出下降沿脉冲触发 IC3 产生高电平脉冲,振荡信号通过 IC6 的门 2 送至门 3,这时若开门者仍接触 P,IC1 输出的高电平以及由门 2 送来的振荡信号通过门 3 加至 IC4 第 1 脚,IC4 输出高电平,使门 4 开启,振荡信号加至 3DG130,经放大后扬声器发出报警声,该报警声会一直延续到按下复位开关 S 为止。

若开门者接触 P 时间较短(5s 内),虽然电路在初期的动作与上述状态相同,但由于在 IC3 输出高电平前,人体已离开 P,IC1 已恢复至低电平输出,使 IC6 的门 3 关闭,振荡信号不能通过,故 IC4 不会被触发,门 4 关闭,3DG130 截止,扬声器也就无声。

由 IC2 外接的 R、C 的数值决定开门者接触 P 而不发出报警的时间,该时间约为 $1.1RC$(R 单位为 $MΩ$;C 单位为 $μF$),一般可设为 5 ~ 7s,以达到正常开锁不报警、异常开锁报警的目的。

IC3 内含两组单稳电路,本文仅用其中一组,而且是利用复位端(第 3 脚)触发的特殊接法。IC4 也仅用了其中的一组(JK 触发器),如果改用 74HC123,则第 6、7、8、9、12 脚均应接电源或接地。

元器件选用参考:该电路元器件按图标数值选用即可。

10、磁控式防盗报警器电路

磁控式防盗报警器电路如图 3 - 10 所示。

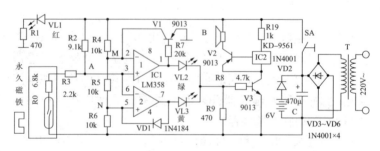

图 3 - 10

本例为一款由永久磁铁控制的具有开路和短路声光双重报警功能的防盗报警器,采用交流或直流供电,即使停电也能报警。

工作原理浅析:由图可知,防盗报警器的核心元件是 IC1 双运算放大器 LM358。正常时,干簧管靠近永久磁铁,其触点吸合,处于闭合状态。接入 220V 交流电源,闭合电源开关 SA,工作指示灯 VL1 亮,电路处于报警待命状态。这时,A 点电位为 2V,M 点电位为 4V,N 点电位为 2V。IC1 的两个相同输入端的电位分别低于两个反相输入端的电位,其输出端第1、7脚均输出低电平。

当永久磁铁离开干簧管时,干簧管因失磁其触点迅速断开,或引出线被剪断时,A点电位变为5V左右,运算放大器1的相同输入端电位高于反相输入端电位,第1脚输出高电平,V1导通,将反相输入端第2脚接地,确保同相输入端的高电位,以实现电路自锁,即使A点电位恢复到3V,也不会改变运算放大器1的输出状态。同时,开路报警指示灯VL2亮,V3导通,报警集成电路IC2KD-9561得电工作,扬声器B发出报警器。

当引出线被短路时,A点电位变为1V左右,运算放大器2的同相输入端点位高于反相输入端电位,输出端第7脚输出高电平,二极管VD1导通,进一步提高同相输入端电位,实现电路自锁。短路报警指示灯VL3亮,V3导通,IC2得电工作,B发出报警声。

元器件选用参考:变压器T为优质成品变压器,初级220V,次级6V,5VA;IC1为双运放集成电路LM358;IC2为警笛声集成电路KD-956;电源开关为普通按钮开关;干簧管为JAG-4,与R0安装在一起;B为0.25W扬声器。电路其元器件无特殊要求,按图标数值选用即可。

11、果园防盗报警器电路

果园防盗报警器电路如图3-11所示。

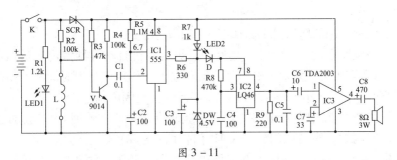

图3-11

SCR、R2、L组成断线可控触发电源开关,L为防盗线。三极管V和IC1等组成约2min单稳延时触发电路。IC2为语言"抓贼呀"报警电路。

工作原理浅析:平时,K合上,无盗情时,报警防盗线将SCR控制极触发电流对短路,SCR 截止,电路不工作,处于监守状态。当盗者越墙入院时,由于将导线 L 拉断,SCR 控制极经 R2 得触发电流而导通,为工作电路供电。三极管 V 导通,负脉冲信号经 C1 触发 IC1 的 2 脚后 3 脚输出高电平,经 DW 稳压的 4.5V 电压使 IC2 工作,发出"抓贼呀"的报警信号,此信号经 C6 耦合至 IC3 作功率放大后,扬声器发出响亮的报警声。

当 IC1 触发后,C2 经 R5 充电,约 2 分钟后,6 脚为高电平,3 脚输出为低电平,报警电路停止工作。这时,指示灯 LED2 点亮,表示报警器已工作过一次。此时,将电源开关 K 断开,再连接好防盗线后,重合 K,电路又进入监控状态。发光二极管 LED1 做电源指示。

元器件选用参考:IC1 为 NE555 时基电路,IC2 选用 LQ46 乐音集成电路芯片,IC3 选用 TDA2003 功放集成电路,单向晶闸管 SCR 为 1A100V 高灵敏触发型,发光二极管为 ϕ5mm 高亮度型,三极管 $\beta \geqslant 100$。防盗线用漆包线,长度以能包围果园一周为准。电源为 12V 蓄电池。

制作时,印刷板按所选元器件大小排板。布防盗线时,先在四周围墙上适当高度位置,用竹钉以 5m 的间距打钉,然后在其上缠绕防盗线绕围墙一周,两端头接电路。为了让防盗线易拉断,可在每段中间剪断,然后再对接好,不可接的太牢靠,要做到稍有压力,接头就能断开为宜。但也要防止虚接,以免开关 K 合上后易误报警。

12、门铃控制的防盗灯电路

门铃控制的防盗灯电路如图 3 - 12 所示。

该电路在按压门铃开关之后经过短暂延时自动打开室内走道照明灯,可在家中无人时对盗贼起到威慑和迷惑的作用。延迟时间和照明灯点亮时间可分别在(5 ~ 125)s 和(25 ~ 600)s 范围内调定。

工作原理浅析:该电路的输入接线座直接并联在普通 8V 交流或直流门铃两端。当按压门铃开关时,门铃两端的 8V 电压经 D1、R1 向 C1 充电(若是交流门铃则 D1 起半波整流作用),使 C1 两端电压超过比较器 IC1 的 2.5V 翻转或阈值。于是 IC1 输出高电平并触发单稳多谐振荡器 IC2a,其单稳态时间就是灯亮之前的延迟时间,并可用电位器 P1 在(5 ~125)s 范围内调定。当 IC2a 结束单稳态时,其 7 脚输出的高电平又触发另一个单稳多谐震荡器 IC2b,其单稳态时间可用 P2 在(25~600)s 范围内调定。在此期间,IC2b 输出的高电平使晶体管 T1 导通。于是继电器 RE1 吸合,使接在接线座 K2 的照明灯点亮。同时,发光二极管 D4 点亮,表示继电器已吸合。

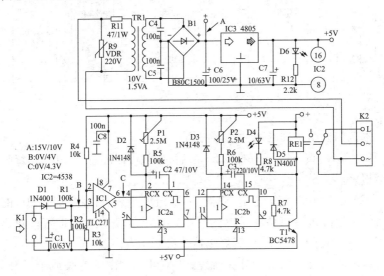

图 3－12

元器件选用参考:该电路元器件按图标数值选用即可。由于由市电供电,电源部分是常见的整流、滤波和稳压电路。为了减少体积,TR1 使用次级电压为 10V 的 1.5VA 小型电源变压器,其次级整流后约 15V 电压,为 12V 小型继电器供电,当继电器吸合时,该未经稳压的 15V 电压下降到 10V 左右,但仍能保证继电器正常工作。

如果门铃电压低于 8V,可适当减小 R1 的阻值。如果该电压是直流电压,则应将正极接到 D1 的阳极端。为了保证安全,该电路应装在绝缘良好的塑料小盒里,并注意电源插座、接线座 K2 及其连线的绝缘。

13、门窗防护器电路

门窗防护器电路如图 3－13 所示。

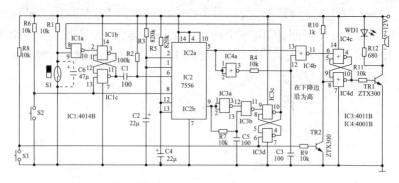

图 3 – 13

本例门窗防护器有两种状态：

（1）失效：按下"失效"按钮 S3 之后，你就可以随意开关门窗，蜂鸣器不会报警。

（2）工作：按"工作"按钮 S2 之后，系统就进入工作状态，有 20s 的延迟时间可以经过装有该防护器的门离家而不致使蜂鸣器报警。除非你按了"失效"按钮，否则 20s 后蜂鸣器就会开始发声了。

该电路由装在门上的开关触发，开关可以是微动开关或干簧开关，如果永久磁铁靠近时，干簧开关就闭合。通常开关装置就在门框上或门框内，而磁铁就装在门上或门内。开门时，开关断开。关门后，开关闭合。窗的防护也可仿照此法安装。

工作原理浅析：把门关上时，开关 S1 就闭合，于是 IC1a 第 9 脚就处于低电平。如果门打开，电源通过电阻 R1 将第 9 脚拉至高电平，于是有足够长的时间触发该电路。

如果电路处于"失效"状态，IC1a 第 8 脚就处于低电平，于是其输出端第 10 脚就保持高电平，这时不论第 9 脚输入的是低是高，第 10 脚都保持为高，所以门的开与关对整个系统无影响。

如果系统处于"工作"状态，IC1a 第 8 脚输入就为高。这时，开门引起第 9 脚为高电平会使第 10 脚输出变低。该输出送往两个"与非"门 IC1b 和 IC1c 组成的复位—置位触发器。

在复位状态，IC1c 第 10 脚为高，但是该触发器受到触发时，第 11 脚就变为低，而且保持低电平。这个低电平通过电容 C1 产生一短脉冲去触发计时器 IC2a,该计时器第 6 脚平常是低电平,这时却保持高电平,持续期约 20s。

下一级是由 IC4a/IC4b 组成的脉冲发生器,平时 IC4b 的 11 脚输出低电平,但是当计时器的输出变为低时,也就是 20s 之后,却产生高的短脉冲。脉冲发生器的输出送往由"或非"门 IC4c/IC4d 组成的另一触发器。

该触发器接收到高脉冲时,第 10 脚的输出变为高,并且保持高电平,它使晶体管 TR1 导通,从而蜂鸣器 WD1 发声。直至系统失效或者断开电源为止。

电路的"失效"和"工作"开关对电路的影响是:按"工作"按钮 S2 有两种影响,一是使触发器 IC1b/IC1c 复位,第 11 脚输出变为高。这时它已准备好依照以上所述去触发计时器。二是触发另一计时器 IC2b,使这个计时器的输出变为高约 20s,而在这段时间结束时,由 IC3a 与 IC3b 组成的脉冲发生器产生高的短脉冲。这脉冲触发 IC3c/IC3d 组成的触发器,使其第 19 脚输出变为高。这个输出反馈待输入门电路 IC1a 第 8 脚,IC1a 也从门开关的脉冲送至触发器 IC1,进而触发 IC2。此系统这时就准备工作,但要在按"工作"20s 之后才开始工作。

按动"直销"按钮 S3 也有两种作用,一种作用是产生低脉冲加在 IC3 第 6 脚使工作/失效触发器 IC3c/IC3d 复位。另一种作用是这个低脉冲也被晶体管 TR2 倒相后用来使蜂鸣触发器(IC4c/IC4d)复位而关掉蜂鸣器。

如果想延长一个或两个延时电路的延迟时间,可以利用公式 $t = RC$ 再计算延时电容和电阻(R3,C2 或者 R5,C4)的数值。

元器件选用参考:该电路元器件按图标数值选用即可。

14、家用防盗报警器电路

家用防盗报警器电路如图 3-14 所示。

本例为一款用四运算放大器 LM324 组成的防盗报警器电路。

工作原理浅析:IC1 为四运算放大器 LM324,其中 IC1-1、IC1-2 组成窗口比较电路,只有当输入端 b' 的电压在这一窗口内时,两运算放大器才无输出。当探头上的震动开关K因震动而接通或断开时,或者报警器与探头之间的三根连接导线被人为破坏而发生短路、断路和悬空等情况下,都能使IC1-1或IC1-2有正电压输出。输出的电压经VD1或VD2向C4充电,为IC1-3提供偏置电压,使IC1-3输出低电平。IC1-3输出的低电平一路经VD4发光二极管,使VT1导通,为有线报警部分提供电源,并使之报警;另一路经IC1-4反相后,使VT3导通,为无线报警部分提供电源并使之报警。使用时可根据自己的实际情况,选择有线或无线两种方式中的一种。当选择了一种报警方式后,另一种方式相关的元器件可以省略不装。R4为防短路电阻,R6可以调整窗口的大小,用来改变报警器的灵敏度,C3为抗干扰电容器,R8可以调整报警器的报警时间,C5为开机延时报警电容器,VD3为放电二极管。

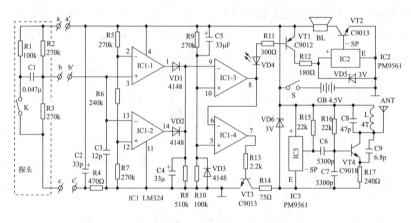

图 3 – 14

元器件选用参考:R1～R17为1/16W金属膜电阻,C2、C4、C5为铝质电解电容,耐压值为10V,其他电容器为瓷片电容器,VD1～VD3选用IN4148二极管,VD4为φ5mm发光二极管,VD5、VD6为3V/0.5W稳压管,IC1为LM324四运算放大器,IC2、IC3选用PM9561四声报警片集成电路,VT1型号为C9012,VT2、VT3为C9013,VT4选用C9018,ANT可用φ0.6mm软导线代替,线圈L用0.4mm裸铜线在φ4mm的铁钉上密绕4匝,K为震动开关,电源用3节5号电池,S选用小型开关。

15、双功能防盗报警器电路

双功能防盗报警器电路如图 3－15 所示。

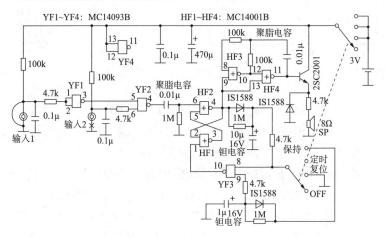

图 3－15

工作原理浅析：在"输入 1 端"设置短路线,在"输入 2 端"设置断路线,无论将短路线弄断,还是将断路线短路,都将使与非门 YF2 第 4 脚输出高电平,该高电平脉冲使由或非门 HF1、HF2 构成的双稳态触发器翻转,其第 4 脚输出低电平,指示或非门 HF3、HF4 构成的振荡器起振,输出方波频信号经 2SC2001 放大后驱动扬声器 SP 发声。在 HF2 第 4 脚输出低电平的同时,10μF 电容通过 1MΩ 电阻放电,如果开关置于"定时"位置。则约 5s 后双稳态触发器复位,振荡电路停振,扬声器停止发声。如果开关置于"保持"位置,则电路在出发后扬声器 SP 持续发声,此时只有将开关拨到"复位"位置,发声才会停止。

元器件选用参考：该电路元器件按图标数值选用即可。

16、红外线报警器电路

红外线报警器电路如图 3－16 所示。

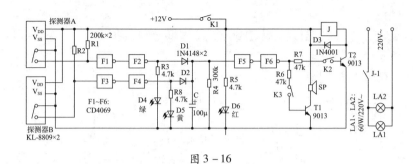

图 3 – 16

该报警器由红外线探测器和报警控制器两部分组成,控制器安装于楼外墙的窗旁。因楼外墙与室内距离近且易布线,故报警器的两部分设计为有线连接,红外线探测器选型号为 KL – 8809 的成品。

工作原理浅析:报警控制器见图,图中 KL – 8809 内有一个独立的受控开关,此开关受控的逻辑关系为:探测器加电但未探测到红外线时受控开关闭合;未加电时受控开关断开;加电并且探测到红外线时受控开关断开。设探测器 A 在加电状态下探测到红外线,其内的独立受控开关将由闭合变为断开,这将使反相器 F1 的输入电平从低电平变为高电平,因而反相器 F2 的输出将变为高电平。F2 输出的高电平有三个作用:(1)使绿发光管 D4 点亮,显示探测器 A 已探到目标;(2)对电容器 C 迅速充电;(3)通过反相器 F5、F6 使三极管 T1、T2 基极分别为高电平而LA1、LA2 发光,声、光同时报警。目标离开探测器 A 后,反相器 F2 输出变为低电平,C 通过电阻 R4 放电,放电一段时间才使 F6 的输出变为低电平,从而使报警延续一段时间。同理,如果探测器 B 探测到红外线,对应的 D5 发黄色光,也能引起声光报警。开关 K2 和 K3 可分别使 SP 的发声强制停和使警灯的光强制熄灭,作用是在报警器每次开机后检验探测器能否正常工作。

元器件选用参考:红外线探测器热释电红外传感器选定型号为KL – 8809的产品;电路中所有电阻的功率均为 0.25W;继电器 J 选用JCZ22 型。其按图上 C 和 R4 的参数报警延时约为 12s,想要此时间更长,可加大 C 或 R4 数值;SP 可选用声音响度大的电子门铃,K1 为电源开关,K2、K3 使用时为闭合状态。每一探测器与报警控制器之间有三根线相连,从图可知,这三根线的 Vss 或地线如果被盗贼碰断,会使报警器报警;该探测器内部还设置有一个防拆开关,此开关在探测器的外壳打开时会引起报警。为了避免室外杂光引起误动作,应选用黑色透镜片,装在探测器的窗口上效果较好。

17、断线报警器电路

断线报警器电路如图 3 – 17 所示。

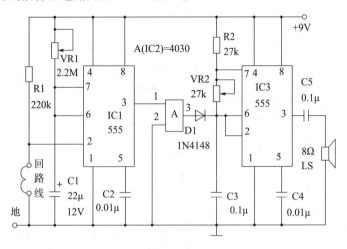

图 3 – 17

本例为一款任何弄断回路线的企图都会报警的电路。它可作为一种防范措施,以对付未授权的人、窃贼和有恶意的人。它也可用于门窗、百叶窗和保险柜。电路由时基 IC555 等构成。

工作原理浅析:由图可知,该电路的核心是一个异或门 A,作为决策单元。当断开回路线时,IC1 通过第 2 脚被触发。VR$_1$ 和 C$_1$ 决定延迟时间。

在预定的时间后,IC1 通过异或门 A,触发 IC3,使扬声器发出警报声。通过电位器 VR$_2$ 和电容 C$_3$ 的设置,决定警报声的频率。该电路的优点为:使用电池供电,因此适用于任何地方。并且,通过在不同电路中增加回路线,可增加安全监视点。可用安装在安全盒上的发光二极管,指

113

示不同的安全监视点的状态。报警的延迟时间由下面公式计算:$T = 1.1VR_1 \times C_1$。

元器件选用参考:电路元器件按图标数值选用即可。

18、多功能防盗报警电路

多功能防盗报警电路如图3-18所示。

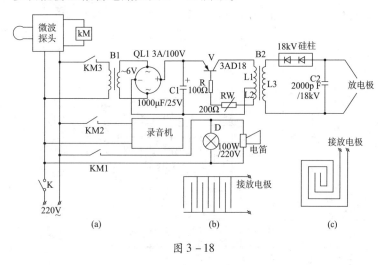

图3-18

工作原理浅析:由图3-18(a)可知,当窃贼接近家门时,由微波探头探测到人体信号启动继电器KM,KM吸合三对常开接点同时闭合。KM1接通声、光报警,发出灯光声响;KM2接通录音机电源,录音机放出事先录制好的有威慑作用的话语,使窃贼认为有人或有值班人员,已有防范;KM3接通高压发生电路,在门把手、门锁等易碰触的地方强烈高压放电。这样就实现了声、光、语言、高压电机一体化报警功能。

元器件选用参考:微波探头选用 KL-3A 等成品;变压器 B2 选220V、6V/20W 以上;录音机用普通便携式即可;变压器 B2 用黑白电视机高压包改制[把高压包原线圈拆除(保留高压线圈),在原骨架上用φ0.35mm 漆包线绕 L2 25 匝,并在25匝处抽头,再接着顺绕 L2 18 匝,按图接好电路];C2 为储能放电绕绝电容,选2000pF/18kV;强音电笛;继电器用 AC220VJTX。其他元器件无特殊要求,按图标数值选用即可。

放电极可用粗铜丝外加绝缘体套管或螺丝加工好,根据防范位置想法安装在窃贼易触摸的地方,只露出放电极端部即可。也可用细铜丝按图 3 – 18(b)或图 3 – 18(c)形状固定在门的纱网上。为避免误报,使自家人遭电击,在使用时,电源开关"K"可采用亚超声等遥控开关或门磁开关,当然也可用暗藏的小型手动开关。

19、触摸电子报警器电路

触摸电子报警器电路如图 3 – 19 所示。

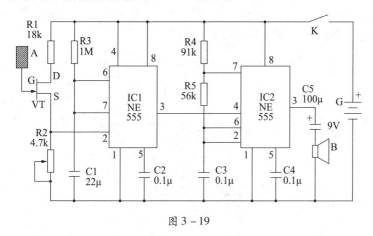

图 3 – 19

本例为一款中高灵敏触摸式电子报警器,它可以安装在门锁、窗、提包或保险柜等容易触摸部位,只要非法进入者的手触碰它,扬声器 B 即发出响亮的报警声。

工作原理浅析:由图可知,打开电源开关 K 接通电源主电路工作,它是由场效应管 VT、时基电路 IC1 组成的高灵敏度单稳状态的触摸电子电路,以及时基电路 IC2 组成的无稳多谐振荡报警电路所组成。

平时无人接触感应片 A 时,场效应管 VT 漏、源极之间电阻很小,使时基电路 IC1 的 2 脚电位高于 $V_{cc}/3$,呈低电平,则 IC1 的 3 脚输入高电平,即 IC1 的 3 脚输出的正脉冲。此正脉冲维持时间等于 $1.1R_3C_1$。该脉冲送至无稳多谐振荡器 IC2 的 4 脚,使 IC2 起振,其 3 脚输出的振荡信号驱动扬声器 B 发声。振荡频率由 R4、R5 及 C3 决定。

调节可变电阻器 R2 即可改变触摸灵敏度。灵敏度不可调得过高，只要戴棉手套轻触 A 一下报警即可。这样，不戴手套时，在触摸开关前晃一下即可报警。

元器件选用参考：IC1、IC2：时基集成电路，任意 555 型；VT：场效应管，选 3DJ6 型；R1：18kΩ；R2：可调电阻器 4.7kΩ；R3：1MΩ；R4：91kΩ；R5：56kΩ；C1：22μF/25V；C2、C3、C4：0.122μF；C5：22μF/25V；B：扬声器 8Ω/0.5W；A：薄铜触摸片，面积 $14 \times 14 mm^2$。

20、配合手机防盗报警器电路

配合手机防盗报警器如图 3 - 20 所示。

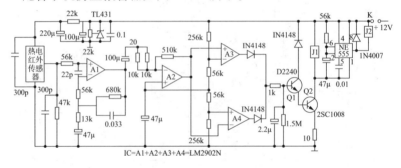

图 3 - 20

本例为配合传呼机、手机的远距离无线防盗报警器可弥补不足，将现场状况即时传送。该报警器由红外线探头和自动拨打部分组成，探头可自制也可购买。

工作原理浅析：当探头接收到非法侵入者的红外信号时，有高电平 12V 电压输出，此电压一路送到继电器 J1，该继电器的常开触点接电话的叉簧；另一路直接加到延时电路，延时 5s 后，继电器 J2 吸合，J2 的常开触点接在电话重拨键的两级上。

电路连接正确后，先关闭开关 K，给探头供 12V 电源，然后在主叫电话机上拨打被叫手机号码，等手机响铃后挂机，闭合开关 K，即进入报警状态。此电话单纯用于报警，如果不慎使用了此电话，被叫号码需要重新输入,因为自动拨打报警利用的就是电话机的最后一组号码(实际上是设定号码)的重拨。

　　A1、A2、A3、A4 由四运放块 LM2902N 构成,其中 A1、A2 组成传感器信号放大电路,A3、A4 组成电压比较器,它设有两个参考电压,静态时(即没有行盗者进入警戒区时),传感器没有信号输出,A3、A4 输出低电平,报警器电路不工作;当有行盗者在警戒区移动时,人体辐射出的红外线通过具有双重反射的抛物面镜会聚在传感器上,传感器输出微弱的低频信号,通过 A1、A2 进行放大,放大后的信号电压输入到 A3、A4 组成的电压比较器进行比较,当 A2 输出电压高于 A3 参与电压时,A3 输出高电平,当 A2 输出电压低于 A4 的参考电压时,A4 也输出高电平,因而复合管 Q1、Q2 导通,继电器 J1 吸合,由 J1 的常开触点接通电话机的叉簧,接着继电器两端的 12V 电压同时加到延时电路上,经过 5s 左右,继电器 J2 吸合,由 J2 接通电话机的重拨键。至此,报警信号发出。

　　元器件选用参考:该电路元器件按图标数值选用即可。

21、电话控制的防盗电路

电话控制的防盗电路如图 3 – 21 所示。

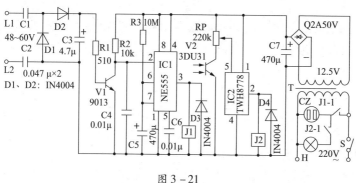

图 3 – 21

　　本例防盗器,利用电话输入控制信号,只要往家中打个电话,家中设置的音响装置就会发出响声,晚上还会同时点亮灯,达到吓唬小偷的目的。该电路由电源变换电路、信号接收电路、延时单稳电路、光控开关电路等组成。

工作原理浅析:由图可知,当电话机在挂机状态时,电话线路上的 L1、L2 之间只有直流电压,不能通过 C1、C2,V1 基极没有偏置电流而截止,延时单稳态电路输出低电平;继电器 J1 处于释放状态。当 L1、L2 输入来电信号时,铃流信号经 C1、C2 耦合,D1、D2 整流,V1 基极正向偏置而饱和导通,IC1 第 2 脚输入低电平脉冲,其第 3 脚由低电平变为高电平,J1 得电吸合,其常开触点 J1 – 1 接通,插座 CZ 接通市电。若事先将家中的音响设备插入 CZ,且接通了电源开关,就会发出声音。

天黑时,光敏三极管 V2 呈高阻状态,使集成电路 TWH8778 第 2 脚使出高电平,继电器 J2 吸合,使 J2 – 1 常开触点接通,电灯 H 在音相发声的同时点亮。

IC1 被触发的同时,电源通过电阻 R3 向 C5 充电,当 C5 两端的电压达到 2/3Vcc 时,IC1 复位,第 3 脚输出低电平,J1 释放,音响设备与灯泡均断电。

元器件选用参考:J1、J2 均为小型 TRX – 13 直流继电器,T 为 220V/12V、8VA 电源变压器,C1 ~ C3 耐压应大于 300V,其他元器件按图中标示数据选用即可。电路安装完毕后,将 L1、L2 接入电话输入线路中,先把 R2 换成 100kΩ 的电阻,打入电话试验,继电器 J1 应吸合,30 秒后 J1 应释放,否则说明电路有误。在调整 RP,使 V2 有光照时,继电器 J2 处于释放状态,无光照时吸合。最后将 R2 换成 10kΩ 电阻。改变 R3 和 C5,即可改变延时时间。光敏三极管安装的位置应注意避免光线直射,以防误动作。

22、自锁通讯报警器电路

自锁通讯报警器电路如图 3 – 22 所示。

本例报警器,可以在受到威胁时进行秘密通讯报警。220V 交流电压经变压器降压,VD1 ~ VD4 整流,C1 滤波,获得 +10V 直流电压。SW 为报警开关,JK 为继电器常开触点。CD4060 在这里作振荡器使用,振荡频率由 R1 和 C2 定,7 脚输出的音频信号经三极管 VT 放大后推动扬声器发声,1 脚输出的信号使 LED 发光。

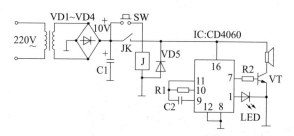

图 3 - 22

工作原理浅析:平时,JK 触点常开,由 CD4060 组成的报警器电路无电源不工作。当遇到某种紧急情况时,按一下 SW,继电器 J 得电,其常开触点 JK 闭合,CD4060 获得工作电压发出声光报警信号。因 JK 已经闭合,SW 放开后,电路仍能自锁工作。整个电路应安装在保卫科,只将开关 SW 由两根线引出,以便报警使用。这样,即使歹徒发现了开关 SW,也不能破坏报警信号。当然,为安全起见,SW 应伪装后使用。

元器件选用参考:VD1 ~ VD5 为 IN4001,C1 为 220μF,C2 为 0.01μF,R1 为 18kΩ,R2 为 1kΩ,VT 为 9013 ,IC 为 CD4060,继电器为 JZC - 21F,SW 为轻触开关,LED 为红色发光二极管。

23、语言告知无线电遥控报警电路

语言告知无线电遥控报警电路如图 3 - 23 所示。

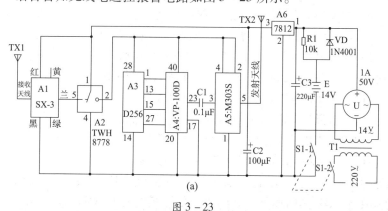

(a)

图 3 - 23

119

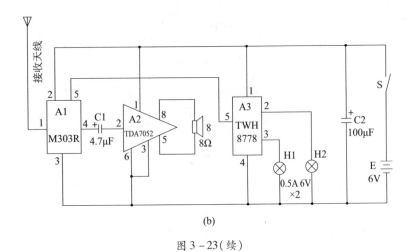

(b)

图 3 - 23(续)

该报警电路主要由人体接近语言告知无线电遥控发射机和无线报警信号接收机两部分电路共同构成。

工作原理浅析:由图 3 - 23(a)可知,A1(SX - 3)是一种人体接近开关模块电路,典型工作电压为 9 ~ 12V,探测距离直径≥10m。其中红色引线为电源正极;黑色引线为电源负极;蓝色引线为即时开关信号输出端;绿色引线为延时开关输出端;黄色引线不为 5V 对外供电输出端。

数码存储器 A3(D - 256)和语言处理器 A4(VP - 1000)组成语言电路,它可随时录放语言新内容。D - 256 内存为 256K,可供录放时间20 ~ 25s,而且不怕掉电,所存内容可长期储存,直至录入新内容为止。

A5(M303S)是一种高性能发射机模块电路,工作效率为 303.9MHz频率稳定度达 1×10^{-5};工作电压 DC 为 12V;工作电流为 10mA;输出功率 >20mW。其中 1 脚为电源负极;2 脚为控制端,如 9 ~ 12V 电压时,发射机方可工作;3 脚调制信号输入端;4 脚为电源正极;5 脚为发射天线输出端,可与 1/4 波长拉杆天线或软导线匹配。

在监视环境静态时,A1 的蓝线端输出为低电平。功率开关集成电路 A2(TWH8778)截止,A3、A4、A5 电路都不工作,因此耗电极微。一旦监视环境出现活体人体,A1 的蓝线端输出为高电平,A2 内部的 1、2 脚开关导通。A3、A4、A5 得电工作。A4 放音控制端 17 脚接低电平,语言电路呈放音状态,其内存与录好的语言信号经电容 C1 耦合至 A5 的 3 脚,经内部调制,放大后,由 5 脚输出至天线 TX2 发射出去。

电源供电电路采用安全降压方式,220V 交流电经变压器 T1 降压,次级产生 14V 交流电压,经全桥 U 整流,C3 滤波,三端稳压器 A6 稳压后输出 12V 直流电压,供给电路使用。电路中还备有 14V 直流电压 G,当市电停电时 14V 蓄电池电压自动加到电路中,可确保电路正常工作。

无线电报警信号接收机的电路如图 3 − 23(b)所示。它主要由无线电报警信号接收机电路 A1(M303R)、音频功放电路 A2(TDA7052)、灯光驱动电路 A3(TWH8778)等组成。M303R 是与 M303S 配对的无线电接收机模块电路。实际尺寸为 $52 \times 13 \times 10 mm^3$;工作频率为 303.9MHz;典型工作电压为 6 ~ 12V;接收灵敏度 ≥10UV;测试点音频输出 >100mV;数据输出 >4V(P—P)。其中 1 脚为天线输入端;2 脚为电源正极;3 脚为电源负极;4 脚为测试端,未经放大器放大的音频信号输出端;5 脚为放大后的数据输出端。

在 A1(M303R)未收到发射机的语言报警信号时,其 4、5 脚均无信号输出,整个电路都不工作,处于待机状态。一旦 A1 接收到发射机发出的语言信号,经内部电路反复打,检测低频放大后,第 4 脚输出的音频信号经 C1 耦合至功放集成电路 A_2(TDA7052)放大,由其 5、8 脚输出较大功率的音频信号。驱动扬声器 B 发出宏亮的语言报警声;同时 A1 的第 5 脚输出约 4V 的数据信号,触发 A3 使其内诸开关导通,第 2、3 脚输出高电平,驱动灯泡 H1、H2 发光,从而完成了声、光报警的任务。

电源供电电路与发射机相同,也可用于电池单独供电,便于随身携带,及时发现盗情。

元器件选用参考:T1 选用次级输出电压为 14V,功率为 5W 左右的小型电源变压器。S1 为小型双联按动开关。G 为 14V 小型蓄电池。TX1 采用 φ1、5mm 的漆包线自制,长度为 100mm 左右即可。TX2、TX3 均可采用 1/4 波长的拉杆天线或软导线。其余元器件按图标型号及参数选用即可。

24、自动求救报警器电路

自动求救报警器电路如图 3 − 24 所示。

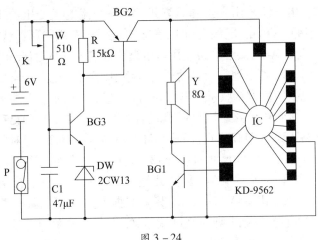

图 3 - 24

工作原理浅析:当人直立时,水银开关呈断开状态,电路电源断开,电路不工作。当人跌倒时,手杖落地,水银开关闭合,电源通过电位器 W 给 C1 充电,当 C1 上的电压达到 BG3(3DG6,$\beta \geqslant 80$)导通电压时,由于稳压管 DW(2CW13)的钳制,BG3 仍不导通,C1 上的电压继续上升,直到电压大于 BG3 的导通电压及 DW 的稳定电压时,BG3 才导通,接着 BG2(3AX31 或 3AX81,$\beta \geqslant 50$)正偏而导通,电源电压作用到 IC(KD－9562)音乐集成芯片上,IC 发出音乐信号,扬声器 Y 发现救护车报警声。

电位器 W、C1、BG3、DW 组成延时回路,目的是防止人弯腰或者手杖掉落地上时,报警器发出误报警信号。这段延时时间可通过调节电位器 W 或改变电容 C1 的数值来完成。

元器件选用参考:水银开关可用一眼药水空瓶,从两端插入两根导电的金属丝,但它们不能相碰。再在瓶内灌入水银,使其直立,两根金属丝不接通,在瓶放倒时,水银使两根金属丝接通。这样水银开关就制作好了,并可用于电路安装之中。BG1(3DG130,$\beta \geqslant 80$)因要推动扬声器 Y 发声,所以选用中功率管会工作可靠些。电路上没有其他难点,只要按电路图接线正确无误就能工作。电池采用 6V 层叠电池,这样体积可做得很小。

25、超温报警器电路

超温报警器电路如图 3 – 25 所示。

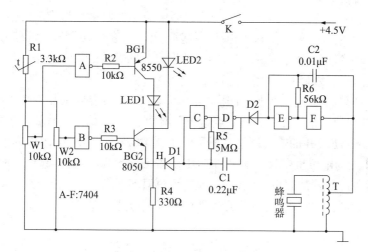

图 3 – 25

该电路适用菜农朋友控制蔬菜大棚内的温度。电路由六集成反相器、自耦变压器、负温度热敏电阻、晶体三极管、发光二极管、蜂鸣器等元器件组成。当温度超过所要控制的温度时，均能可靠的报警，提醒菜农朋友调整温度。该电路也可用于对温度控制要求较高的场所。

工作原理浅析：由图可知，由负温度系数的热敏电阻 R1 和上下限温度设置电位器 W1、W2 组成预置上下限温度控制的传感器电路，在所控制的温度范围内，上限温度控制电位器 W1 的中点电位低于六集成反相器 ICI（7404、74LS04）门 A 的输入端的阀值电平，即低电位。门 A 的输出端输出高电平，使晶体三极管 BG1 截止，发光二极管 LED1 得不到电源（不发光）；下限温度控制电位器 W2 的中点电位高于六集成反相器 ICI 门 B 的输入端的阀值电平，即高电位。门 B 的输出端输出低电平，使晶体三极管 BG2 截止，发光二极管 LED2 不发光。与此同时，H 点的低电平，使 D1 将门 C 钳位于低电平。于是门 C、D 所组成的 1Hz 的信号振荡器不起振。同理，由门 E、F 所组成的产生 1kHz 的信号振荡器也因 D2

123

的钳位作用而处于停振状态。所以,蜂鸣器不发声,说明温度正常。

如果温度上升到超过上限的要求温控点时,负温度系数的热敏电阻 R1 的阻值减小,使 W1 的中点电位上升到大于 ICI 门 A 的输入端的阀值电平,使门 A 的输出端呈低电平,于是 BG1 导通。LED1 得电而发光。使 H 点的电位也升高,D1 随着截止,1Hz 振荡器起振。当输出的信号为正半周时,D2 截止,1kHz 的振荡器起振,经门 F 的输出端输出的信号,通过自耦变压器 T 升压后,推动蜂鸣器发出断断续续的报警声来提醒用户温度过高,该降温了。

如果温度下降到低于下限的要求温控点时,负温度系数的热敏电阻 R1 的阻值增加。使 W2 的中点电位下降到低于 ICI 门 B 的输入端的阀值电平,使门 B 的输出端呈高电平。于是 BG2 导通,LED2 得电而发光,使 H 点的电位也变为高电平,使 D1 随着截止,1Hz 振荡器起振。同理,最后也导致蜂鸣器发出报警声,提醒用户温度下降低于下限,该加温了。

元器件选用参考:电路元器件按图标数值选用即可。

26、烟雾报警器电路

烟雾报警器由红外发光管、光敏三极管构成,电路如图 3 - 26 所示。

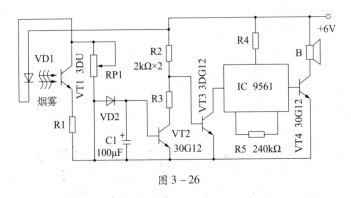

图 3 - 26

工作原理浅析:由图可知,烟当被监视的环境洁净无烟雾时,红外发光二极管 VD1 以预先调好的起始电流发光。该红外光被光敏三极管 VT1 接收后其内阻减小,使得 VD1 和 VT1 串联,VD1 的电流增大,红外发光二极管 VD1 的发光强度相应增大,光敏三极管内阻进一步减小。如此循环便形成了强烈的正反馈过程,直至使串联感光电路中的电流达到最大值,在 Rl 上产生的压降经 VD2 使 VT2 导通,VT3 截止,报警电路不工作。

当被监视的环境中烟雾急剧增加时,空气中的透光性恶化。此时光敏三极管 VT1 接收到的光通量减小,其内阻增大,串联感光电路中的电流也随之减小,发光二极管 VD1 的发光强度也随之减弱。如此循环便形成了负反馈过程,使串联感光电路中的电流直至减小到起始电流值,R1上的电压也降到 1.2V,使 Vrr2 截止,VT3 导通,报警电路工作,发出报警信号。C1 是为防止短暂烟雾的干扰而设置的。

元器件选用参考:电路元器件按图标数值选用即可。

27、吸烟报警器电路

吸烟报警器电路如图 3 – 27 所示。

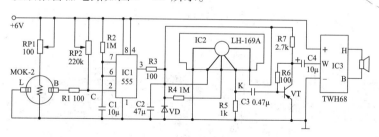

图 3 – 27

在不宜吸烟的场合,当有人吸香烟时,该电路会发出响亮语音报警"不要吸烟",以提醒吸烟人员自觉停止吸烟。该电路是由气敏检测头、单稳态触发器、语音 IC 和升压功放报警器等组成。

工作原理浅析:当气敏元件 MQK – 2 的表面吸附了烟雾或可燃性气体时,其 BL 极间阻值减少,这时由于 RP2、R1 和 BL 极间电阻的分压使节点 C 的电压下降,当其电位下跌到 ≤1/3V_{cc}时,IC1 的 2 脚受触发,由IC1 组成的单稳态触发器翻转,其 3 脚输出高电平,它经 R3、C2、VD 稳压在 4.2V,为语音音源 IC2 和 VT 供电,这时 IC2 的 K 点输出语音信号,由

C3 耦合到 VT 进行一次电压预放大,再经 C4 送入升压功放模块 TWH68,最后从扬声器中发出响亮的报警语音。虽然单稳电路延时时间按图设定为 10s,但只要室内的烟雾或可燃气体不被驱散,2 脚得电位总 ≤1/3Vcc,它将一直输出高电平持续报警,只有在消除烟雾后,MQK-2 的 BL 极间阻值复原至 30kΩ 以上且 2 脚电位大于 1/3Vcc 后,IC1 才翻转输出低电平,从而停止报警。

元器件选用参考:电路元器件按图标数值选用即可。电源可用 6V/0.5A 的直流稳压电源供电。调试时先将限流电位器 RP1 旋至阻值最大处,然后通电,这样可防止大电流冲击损坏 MQK-2 的加热丝,微调 RP1 使气敏元件加热的灯丝电压约为 5V,这时流过加热极电流为 130mA 左右。注意,必须在 MQK-2 灯丝预热 10min。气敏元件的电阻处于正常工作状态之后,再调节 RP2 使 C 点得电位略大于 2V 即可。

28、吸油烟机附加煤气报警电路

吸油烟机附加煤气报警电路如图 3-28 所示。

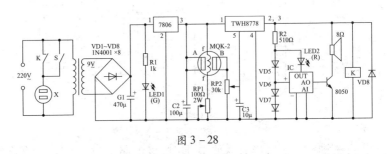

图 3-28

使用时将吸油烟机电源插头插入图中插座 X,市电经降压、整流、滤波、稳压器稳压成 6V 向气敏探头 MQK-2 供电,同时发光二极管 LED1 亮表示附加装置电路处于工作状态。平时气敏探头 MQK-2 的两端电阻较大,RP2 上的电压较低而不能使 TWH8778 触发导通。

工作原理浅析:但当有煤气泄漏时,MQK-2 的 A、B 两端电阻会下降,使得 RP2 上的电压上升,当达到 1.6V 以上时 TWH8778 便导通向负载供电。继电器 K 得电吸合使常开触点闭合,插座通电使吸油烟机电机启动向外排气。同时,石英机 IC 向外输出报警信号,经放大后使扬声器发出响亮的报警声,发光二极管 LED2 也发出 0.5Hz 的闪烁显示,表示有煤气泄漏并正在向外排气,同时提醒使用者注意关闭煤气。

调试时先调 RP1 使 MQP - 2 的 FF 两端电压为 5V,再预热 2min 后开启煤气使人稍闻有煤气味时调 RP2 使电路刚好报警,然后及时关闭煤气以防中毒。使用时只需将原吸油烟机开关常开即可。图中 S 为手动开关,为烧菜时需向外排除油烟气而设。

元器件选用参考:IC 为定闹石英钟芯片,只需将原机芯内电池供电正负端接入图中,并将定闹控制端接地使其处于定闹输出状态,具体接法如图所示。继电器 K 型号为 4098 或 JZC - 22F,选线圈电压 5V,发光二极管 LED2 宜用红色 ϕ3mm 高亮度的。

29、天然气自动监测报警电路

本例为一款厨房气体监测装置,它在天然气、一氧化碳等有害气体超过设定值时,会自动接通排风扇电源,并发出声光报警信号。待有害气体浓度降到标准设定值以下时,能自动切断排风扇电源,恢复正常状态。电路如图 3 - 29 所示。

工作原理浅析:该电路主要由气敏半导体传感器 QM - N5 和 LM358 双运放集成块 IC2A 组成的检测比较放大电路、IC2B 等组成的延时电路、IC3(555)集成电路组成的声光报警电路,以及电源整流部分等组成。接通电源,AC220V 由变压器 B 降压、二极管 VD2 ~ VD5 桥式整流、电容 C6 滤波后,输出 10V 的直流电压给电路供电。为了保证 QM - N5 的加热电源稳定在 5V,确保该传感器的工作稳定性和具有较高的灵敏度,专设三端稳压器 7805 为其供电。在正常情况下,QM - N5 型半导体气敏传感器 a、b 两端的电阻值较高,其 b 点电位低于 1V,一旦接触到可燃性气体,该传感器的 a、b 两端的电阻迅速降低,b 点的电位升高时,R1 两端电压随之上升,当该电压达到 IC2A 运放及 R3、R4、RP1 组成的迟滞比较器的上限电压时,IC2A 的 1 脚由低电平转为高电平。1 脚输出的高电平,一路经 R6 和 LED1 驱动三极管 VT1 导通,使继电器 J 吸合,以便接通排风扇电源(调节 RP1 阻值的大小,可以改变 QM - N5 的灵敏度),另一路

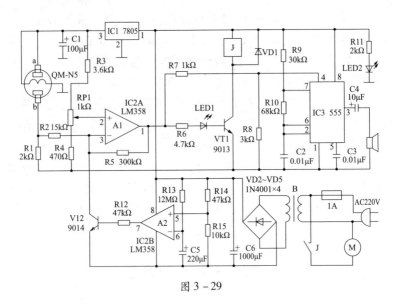

图 3－29

则经 R7 使 IC3 的 4 脚变为高电位,由 R9、R10、C2～C4 及 IC3 等组成的多谐振荡器超振,驱动场声器发出声音,LED1 的闪光还兼作报警用。

　　由于气敏元件在刚接通电源时,即使处在新鲜空气里,测量电极也会输出一定幅值的电压,所以,电路中用另一半 LM358 双运放 IC2B 组成延迟电路,在刚接通电源时,由于电容 C5 两端电压不能突变,IC2B 的 6 脚为低电平,因此比较器的输出端即 IC2B 的 7 脚输出高电平,驱动三极管 VT2 导通,将 IC2A 的 3 脚对地短路,此时报警电路将不会产生误动作。当 C5 两端的电压通过 R13 充电逐渐上升到约 2/3 电源电压时,IC2B 的 6 脚电位上升,7 脚将输出低电平使 VT2 截止,这样就解除对 IC2A 的 3 脚的封锁,为下一步正常监测做好准备。

　　元器件选用参考:该电路元器件无特殊要求,按图标数据选用即可。

30、抽油烟机自动报警电路

　　自动抽油烟机自动报警电路如图 3－30 所示。

　　工作原理浅析:该电路主要由气敏元件 BA 和 IC1(LM324)等元器件组成。IC1 内含四运放,分别接成电压比较器,IC1A 构成油烟检测

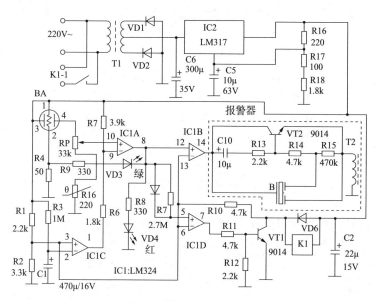

图 3-30

电路,IC1 构成误动作限制电路。气敏元件 BA 感应油烟浓度变化,并转换电信号输出。

(1)误动作限制电路:接通电源瞬间,因气敏元件 BA 需预热,经过一定时间才能进入稳定状态。在此过程中,输出电位会升高,导致排风电机误启动,报警电路误报警,因此特设了误动作限制电路。其原理如下:在接通电源瞬间,电容 C1 两端电压不能突变,IC1C 第 2 脚为低电平,输出端第 1 脚为高电平,使 IC1A 第 9 脚电压高于第 10 脚,第 8 脚输出低电平,使 IC1B、IC1D 均输出低电平,三极管 VT1、VT2 均截止,从而防止抽油烟机误排烟和误报警。随着 C1 充电时间延长,当两端电压高于IC1C 第 3 脚电压(延时时间由 R3、C1 决定,一般需 1～2min)时,第 1 脚转为低电平,控制电路开始正常工作。

(2)油烟检测电路:无油烟时,BA 第 4 脚输出电压约 4.5V,经 RP 分压加到 IC1A 同相输入端第 10 脚,其反相输入端第 9 脚电压由 IC1C 第 1脚电压决定,稳态时为 3.8V,通过调节 RP 使 IC1A 第 10 脚电压低于第 9脚,绿色发光二极管 VD3 点亮,指示为待机状态。当油烟浓度超过标准

129

时,BA 输出电压升高,使 IC1A 第 10 脚电压高于第 9 脚,第 8 脚输出高电平,VD3 熄灭,VD4 发出红光,指示为自动抽油烟状态。该高电平还通过 IC1D 使三极管 VT1 导通,继电器 K1 得电动作,电机通电开始工作。同时,因 IC1B 第 12 脚电压高于第 13 脚,第 14 脚输出高电平,报警振荡电路起振发出报警声。

元器件选用参考:该元件无特殊要求,BA 选用气敏元件,二极管采用整流二极管,其他元器件按图标选用即可。

31、CPU 风扇停转报警电路

CPU 风扇停转报警电路如图 3 - 31 所示。

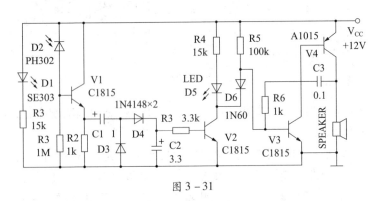

图 3 - 31

本例电路能在 CPU 风扇停转之时报警,以提醒使用者及时采取措施。

工作原理浅析:D1 与 D2 分别为红外线发射管与红外线接收管,它们正对着安装,并且相距 1.2 ~ 1.8 cm,使发射管发出的光正好可以射到接收管的受光面,但它们之间有风扇扇叶,风扇旋转时可以不时地切断光路,通电后,D1 发出连续的红外线,这束红外线在叶片的不时遮挡下,断续地射到接收管上。这样,V1 便会有一个脉冲型的偏置电流,从而在 R2 的两端产生脉冲电压。这个电压经 C1 耦合、D4 检波、C2 滤波后,变成比较平滑的直流电压,为 V2 提供偏置。如果这个电压足够大,将使 V2 饱和。饱和后的 V2c—e 结压降至 0.3V 以下。这时发光二极管 D5

亮度最大,指示风扇旋转正常。同时,V3b 极的电压被 V2 经 D6(D6 为锗二极管,压降 0.2V 左右)降至 0.5V 以下。V3 无法导通,由 V3 及 V4 组成的互补管多谐振荡器也就无法振荡了,扬声器不会发出声响。当某种原因使风扇停转时,红外线一直可以射到(或一直射不到)接收管上,便没有脉冲电流通过 C1,V2 失去偏置,不会导通。D5 熄灭,指示风扇停转。V3 得到偏置,振荡器起振,扬声器发出报警。如果风扇旋转很慢,则 V2 导通不完全,LED 亮度下降,也会产生报警。

元器件选用参考:V1 的电流放大倍数越大越好;D6 一定要用锗二极管;SPEAKER 可选择带闹指针石英钟上的那种,可以直接焊到电路板上;电源与风扇共用。

32、带报警功能的密码锁电路

带报警功能的简易密码锁电路如图 3 – 32 所示。

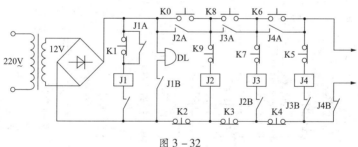

图 3 – 32

本例为一款简易报警密码锁,只有按照设定的密码依次接通三个开关 K0、K8、K6,才能将锁打开,中途不得接通其他开关,否则会使报警电铃通电工作,导致电路自锁,使刚刚按下的 K0、K8、K6 等有效开关失效。

工作原理浅析:由图可知,K1 为报警开关,如按下 K1 后则继电器 J1 得电工作,两组常开触点 J1A、J1A 吸合,使报警电铃发声。此时,即使松开 K1 报警声仍然大作,只有等主人到来后切断电源才能停止报警。K0、K8、K6 为有效开关。按下 K0 后,J2 得电,两组常开触点 J2A、J2B 吸合;再按下 K8 后,J3 得电,两组常开触点 J3A、J3B 吸合;最后按下 K6,J4 才能通电,J4A、J4B 常开触点吸合,从而接通电子锁电源顺利地将锁打开。注意 K0、K8、K6 的打开顺序不可颠倒,否则无效。K2 ~ K5、K7、K9 为常开按钮开关,开锁时不可按下这几个开关,否则会使电路断开,J2、J3、J4 等继电器重新失电。该电路图中设定的开锁密码为086,当然读者也可重新设定密码。

元器件选用参考:电路中,K0、K1、K8、K6 为常开式按钮开关,按下后电路接通;其余6只开关为常闭式按钮开关,平时电路接通,按下后则电路断开。DL 为 12V 报警电铃。J1 ~ J4 为 4 只小型继电器,吸合电压为 12V,每只继电器的两组触点,可选用 JRC6M 或 JRC5M 型号的继电器。

33、迷惑性防盗报警器电路

迷惑性防盗报警器电路如图 3 - 33 所示。

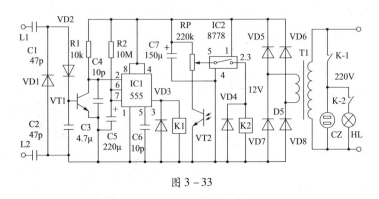

图 3 - 33

工作原理浅析:由图可知,当电话处于挂机状态时,电话线路 L1、L2 之间有 45 ~ 60V 的电压,由于电容 C1、C2 的作用,不能触发由集成电路 IC1 等元器件组成的延时电路。当电话打进来时,L1、L2 传来的振铃声信号呈交变状态,经电容 C1、C2 耦合,二极管 VD1、VD2 倍压整流,电容 C3 滤波后成一正向直流电压加至三极管 VT1 的基极,导致 VT1 饱和导通,此时 IC1 的 2 脚由高电平变为低电平,其 IC1 的 3 脚输入端由低电平变为高电平,使继电器 K1 吸合,其常开触点 K1 接通,插在电源插座 CZ 中的收音机或录音机,就可以播放电台播音节目或磁带内容。如果在天黑时,光敏三极管 VT2 呈高阻,通过集成电路 IC2 的作用,继电器 K2 吸合,其常开触点 K2 也接通,电灯 HL 发亮。IC1 被触发后,电源通过电阻 R2 向电容 C5 充电,当 C5 两端的电压上升到 2/3 电源时,IC1 便复位,其输出端 3 脚又变为低电平,收音机或录音机和电灯同时开闭。当电话再次打入时,便会周而复始重复上述过程。

元器件选用参考:IC1 可用 NE555、LM555 的时基集成电路。IC2 选用 TWH8778 集成电路。VT1 选用 9013、8050 的 NPN 型三极管。VT2 用 3DU31 – 33 型号的光敏三极管。VD1、VD2 选用 1N4001 型二极管、VD3、VD4 用 1N4004 型二极管,VD5、VD6、VD7、VD8 用 1N4007 型二极管。继电器 K1、K2 均为 JRX – 13F 型,其线圈工作电压为 9V。T1 采用 8W、220V/9V 电源变压器。对于其他元器件无特殊要求,按图标数据选用即可。

34、自行车防盗报警器电路(一)

本例介绍一种自行车防盗电路,其核心是一只用直流微型马达实现的自行车轮子转动检测器。可以利用废弃光驱中的微型马达(主轴马达),制作一只外圈套有橡皮垫圈的摩擦轮,紧紧套在马达的主轴上。然后将它固定在自行车的后轮上,就和一只现成的发电机一样。电路如图 3 – 34 所示。

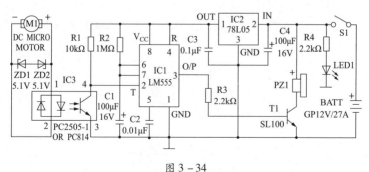

图 3 – 34

工作原理浅析:使用时接通电源开关,电路从小型 12V 电池获得电源,电源指示灯 LED1 点亮,R4 用以限制 LED1 的电流。COMSS 版的 LM555(IC1)单稳电路经稳压芯片 78L05(IC2)取得电源。在自行车停着不动时,单稳电路 IC1 的输出脚 3 为低电位,电路处于待机状态。如果小偷对自行车实施盗窃,不论自行车轮子正转还是反转,都会使直流马达在其输出端子产生一小的直流电压,足以使光耦合器 IC3(PS2505 - 1 或 PC814)中的 LED 发光,结果 IC3 的晶体管导通,使单纯电路 IC1 触发即 2 的电位拉低,单稳电路被触发,输出脚 3 的高电位立即驱动晶体管 T1,蜂鸣器 PZ1 发出报警声。报警声可维持 2min。报警时间长度可以通过改变 R2 和 C1 的值调节。

　　元器件选用参考:稳压二极管 ZD1 和 ZD2 用作光耦合器 IC3 的保护电路。电池采用小型电池。PZ1 采用 12V 有源高音调输出的蜂鸣器,其他元器件无特殊要求,按图标数据选用即可。

35、自行车防盗报警器电路(二)

　　自行车防盗报警器电路如图 3 - 35 所示。

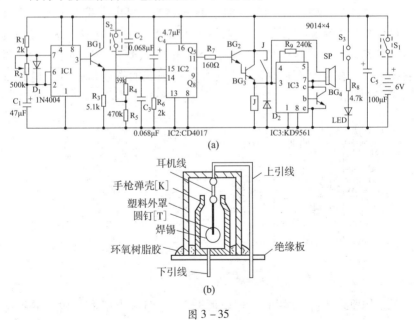

图 3 - 35

　　本防盗报警器直接安装在自行车上,只是车身发生强烈震动时,自行车防盗报警器就会发出警报,切断报警器电源后才会停止报警。该报警器对外界干扰引起的自行车微小震动具有抑制能力,避免误报警。

工作原理浅析:由图 3－35(a)可知,IC1 为脉冲发生电路,每 20s 发出一个脉冲,用以对 IC2 清零;IC2 为报警信号产生电路;IC3 为音响发生电路。S_1 为电源开关,采用钥匙控制。主人离开自行车时用钥匙闭合电源开关 S_1。整个电路得电,处于戒备状态。S_2 为振动触发器,蹬自行车强烈震动时,S_2 不断地通断,则在 IC2 的 14 脚输入一序列脉冲,当累积输入的脉冲数达到 10 个时,IC2 的 11 脚输出为高电平,使晶体管 BG_2、BG_3 导通,继电器 J 合并自锁,IC3 得电,扬声器 SP 发声报警器。这时只有用钥匙断开电源开关 S_1。电路复位,报警器才会停止报警。对于外界刮风等干扰使自行车发生微小震动时,S_2 也会不断的通电,但输入给 IC2 的第 14 脚的脉冲数在 20s 内不足 10 个,来自 IC1 的脉冲进入 IC2 的 15 脚对 IC2 进行清零,IC2 又重新开始技术,抑制了外界干扰。S_3 为试验按钮,当按下 S_3 时,LED 发光,表示电路工作正常。

元器件选用参考:该电路所用的电阻全部选用 RJ 型 1/8W 金属膜电阻;电机二电容的耐压均要求大于 10V;所有的晶体管均选用 9014 或 9018,其 $\beta \geqslant 70$;继电器 J 采用 4098 型(6V);IC1 为时基集成电路 NE555;IC2 为十进制计数器/脉冲分配器集成电路 CD4017;IC3 为音乐集成电路;扬声器 SP 选用 ϕ30mm 的高音喇叭;S_1 采用钥匙开关。

S_2 为振动触发器,需制作。结构见图 3－35(b)所示,T 采用圆钉或粗裸铜线,上引线为 16#镀锌铁丝或单股铜线,用一段耳机线将 T 与上引线焊起来。K 为手枪弹壳,内部做除锈处理,在它底部焊接一段 16#镀锌铁丝或单股铜线作下引线。至于塑料外壳和绝缘板,主要是起保护 T 和 K 的作用,可用日光灯启辉器的塑料外壳制作,自制完毕后用环氧树脂胶粘接牢固。T、K 探头做好后,将绝缘板的一端提高,与水平线成 8°～10°时,为引线良好接通,可设法在圆钉尖上焊一个螺母或焊锡点。

36、摩托车防盗报警器电路

摩托车防盗报警器电路如图 3－36 所示。

工作原理浅析:A 点接高压线圈非负端;B 接二极管正极;C 接电瓶

正极;D 接电门开关正极(接通开关时的电)。平时,车侧向停放,水银开关 S 不导通,整机由电瓶正极通过 J2－1 常开触点供电,此时处于待报警状态。如果盗贼想将车偷走,当他将车直立起时,水银开关 S 立即导通,V1 也随之导通,继电器 J1 得电工作,其中常开触点 J1－1 闭合,可起到锁定 V1 导通的作用,而 J1－2 的触点闭合,常开触点断开,V2 得到足够正向偏压而导通,SP 得电工作并发出报警声,而高压线圈非负端通过 J1－2 接到地,使车不能启动。而解除报警或代报警状态的工作原理是:接通电门开关,D 点得电,此时可按响喇叭 3s 以上(由 R4、R5、C1 决定),V3 导通,J2 得电工作,J2－2 常开触点闭合使得 V3 可自锁,同时 J1 失电释放,报警停止。这个解除报警或代报警状态的程序虽然简单,但不说明盗车贼是不会明白的,特别是按响喇叭。试想一下,哪个盗贼愿意在偷车时按响喇叭声呢?所以本机有较强的实用价值。当然,如想要在按喇叭的同时又要踩刹车才能完成整个程序,那也很简单,加上虚线内的电路即可,其中 B1 可接刹车灯正极。这样,保密性就更强了。

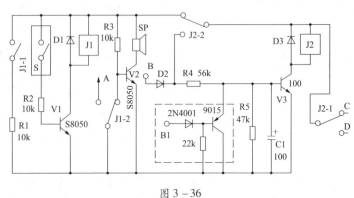

图 3－36

元器件选用参考:SP 为市售的自带音源高响度报警喇叭,J1、J2 选用 QX－13F,V1、V3 为 NPN 管 S8050,虚线内的三极管用 9015 即可,以上的管子的 β 值均大于或等于 120,S 是水银开关,型号不限,二极管全部用 1N4001,电阻用 1/4W 的。

37、汽车多功能报警器电路

汽车多功能报警器电路如图 3 - 37 所示。

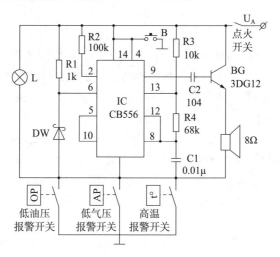

图 3 - 37

工作原理浅析:汽车多功能报警器可对汽车的油压、气压及温度进行检测,并在其不正常的情况下报警。IC 采用 CB556 型高精度低功耗双时基电路,其 5 脚与复位端 10 脚连接在一起,因此,它们的路基状态一样。L 为报警指示灯。此图按照汽油机电路设置,U_A 为汽车交流发电机电压,也是报警器工作电源。当汽车启动后,处于怠速工况时,一般 $U_A < 13.5V$(对 12V 汽油机而言),汽车在中速以上运行时,$U_A \geqslant 13.5V$,以 13.5V 作为报警器开始工作电压。

R2、DW 组成稳压电路,其稳压值为 4.5V(6 脚阈值电平为 $1/3U_A = 13.5/3 = 4.5V$),2 脚通过电阻 R2 接到电源正极,即 2 脚相当于保持在高电平上。6 脚直接接到稳压管 DW 上,这样就确定了电路内部的初始状态。

低油压报警:内部点火开关启动汽车,因无油压,低油压报警开关接通,报警指示灯亮。此时 $U_A < 13.5V$,在稳压管 DW 的作用下,6 脚的电

137

压高于它的内部阈值电平,使得 CB556 输入端 2 脚高电平,6 脚高电平,输出端 5 脚为低电平,由此 IC 被复位不振荡,扬声器不发声报警。一般汽车在启动过程中允许机油压力在 0.06～0.1MPa 的范围内拨动,所以不报警是正常的。

发动机处于中速以上运转时,交流发电机电压 $U_A \geq 13.5V$,在汽油机油压正常情况下,低油压报警开关断开,切断了报警电路,此时无声光报警。如果汽油机油降至 0.06～0.01MPa 时,低油压报警开环接通,点亮报警指示灯,IC 输入端 2 脚为高电平,6 脚为低电平,输出端 5 脚为高电平,IC 开始振荡,扬声器报警,即产生声光报警。驾驶员可及时关闭发动机,避免因油压过低引起的烧油抢瓦事故。

低气压报警:在闭合点火开关启动汽车时,若储气筒压力低于报警气压,低声压报警开关接通,报警指示灯被点亮。此时,$U_A < 13.5V$,扬声器不发声报警,交流发电机电压会逐渐升高,当 $U_A \geq 13.5V$ 时,IC 被解除复位而起振,扬声器发声报警,提醒驾驶员目前不宜起步。发动机需要采用怠速暖机。

汽车在行驶过程中,当气压降至危险压力时,低气压报警开关接通,点亮报警指示灯,此刻,$U_A > 13.5V$,IC 输入端 2 脚为高电平,6 脚为低电平,输出端 5 脚为高电平,扬声器发声,即声光同时报警。驾驶员可及时采取措施,以保证行车安全。

高温报警:汽车在行驶过程中,当发动机温度接近 100℃ 时,报警开关闭合,接通报警器电源回路,点亮报警指示灯。与此同时,因为 $U_A \geq 13.5V$,IC 输入端 2 脚为高电平,6 脚为低电平,输出端 5 脚为高电平,扬声器发声。也就是说,报警器同时声光报警。驾驶员可及时排除故障,以避免发动机遭受高温的损害。

图中 IC 的振荡频率为 1kHz 左右。由于 CB556 的输出驱动能力较小,所以增加了三极管 BG 作为驱动级、以推动扬声器发出清脆响亮的声音,按钮开关"B"用作状态复位。B 按下时 5 脚为低电平,扬声器停止发声。

元器件选用参考:该电路元器件按图标数值选用即可。

第四章　日常应用、家庭电工及制作电路

1、白光 LED 手电筒电路

白光 LED 手电筒电路如图 4－1 所示。

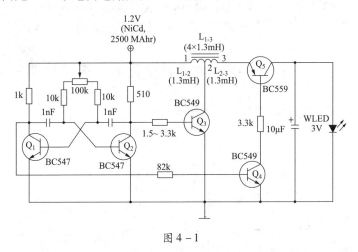

图 4－1

工作原理浅析：该电路由少量通用元件构成。单节 1.2V/2500mAh 的镍镉纽扣电池给该手电筒供电，基于一个中间抽头电感器的晶体管升压开关用于增加电压的有效性，大约可以将电压提升到 80% 以上。该电压再给一只标准的白光 LED 供电，在这种情况下，供电电压接近于 3V。 Q_1 与 Q_2 组成一个非稳态的多谐振荡器，在它们的集电极产生的矩形波形互为倒相 1800。

假定加上电源，Q_2 截止，Q_1 导通，在这种情况下，Q_2 的集电极为高电位，Q_3 经过 Q_2 的集电极电阻而导通。随着 Q_3 导通，电流通过前半部电感即抽头 1 到抽头 2 流动。在第一个工作半周期结束时，该多谐振荡器跳变到另一种状态，Q_2 导通 Q_1 截止，Q_1 的集电极变为高电位，Q_3 截止，Q_4 和 Q_5 经过 Q_1 的集电极电阻导通。减幅的电感电流现在通过抽头

1 到抽头 3 流动。因为 L_{1-2} 与 L_{2-3} 相等,又因为它们都绕在同一个公共磁芯上,L_{1-3} 的电感量是 L_{1-2} 与 L_{2-3} 的四倍。这个增加的电感相当于增加了磁芯上的线圈圈数,该电感导致 LED 两端的电流幅度减少而电压幅度增加。在该相期间,电流通过 LED 流动。同时对 $10\mu F$ 电容器进行充电(该充电的持续时间周期由非稳态电路中的 RC 乘积决定)。一旦超过 RC 时间常数值,该过程进行重复:Q_1 导通,Q_2 又截止,其他晶体管的开与关如前所述。通过抽头 1 和 2 的电流再次增加,在电感器中存储来自电池的能量。在该相期间,由 $10\mu F$ 电容器给 LED 供电。

元器件选用参考:该电路元器件按图标数值选用即可。

2、LED 手电筒充电保护电路

LED 手电筒充电保护电路如图 4-2 所示。

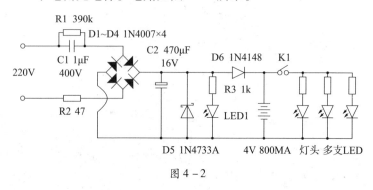

图 4-2

一般家庭用 LED 手电筒充电电路简单,用户不容易掌握充电时间,往往充电时间过长,在电池充满电后,继续充电会导致蓄电池液体电解消耗,直接后果是电池容量大大下降。

工作原理浅析:常见手电筒电路如图,一般都采用电容式降压,整流后直接给蓄电池充电,虽然是恒流,但充电电压不可掌握。免维护铅酸电池单体浮充电压一般是 $2.25\sim2.3V$,手电筒一般是两个单体串联,所以充电电压稳定在 $4.5\sim4.6V$ 为最佳。考虑到并联稳压二极管可以基本稳定充电电压,笔者在实际改装过程中却发现,直接将稳压二极管并联在蓄电池两端时,即使手电筒开关处于关断,仍有较小的放电电流,这是由于稳压二极管存在反向漏电流,虽然很小,但长时间放电,也会消耗电池的容量,而过放电同样会严重损害电池,因此给蓄电池正极串两个普通二极管,防止其漏电。由于二极管有不同的正向电压降,因此稳压二极管和串联二极管的选择非常重要,这决定充电电压的精确性。经过反复测试,发现使用 IN4733A 和 1N4148 搭配为最佳,充满电后实测 D5 两端电压约 5.26V,经过 D6 压降,电池电压稳定在 4.58V 左右,充电电流维持在约 8mA,作为涓流充电电流比较合适,涓流还能保证电池充分充满。改装后的充电效果非常好,即使连续几十个小时充电,也不会损伤到电池。对于 LED 充电式小台灯,几乎可以不用拔掉市电插头而连续浮充。

元器件选用参考:该电路元器件按图标数值选用即可。考虑到电容式降压整流后的波纹较大,波纹电流会导致蓄电池极板柱出现腐蚀性损伤,因此给稳压二极管两端并一个容量较大的电容 C2,对脉动电流滤波。另外发现每次充电时,将充电插头插入市电插座时会有"啪"的打火声,说明瞬间冲击电流较大,对电路元件不利,因此串了一个熔断型功率电阻 R2 进行缓冲,同时起到保险管的作用,防止万一电容击穿后会造成火灾隐患。

3、简易肌肉酸痛治疗器电路

本例介绍的治疗器是利用它的两个电极贴附在身体的局部,用以刺激神经,对缓解疼、肌肉酸痛和恢复僵硬的肌肉非常有用。电路如图 4 - 3 所示。

工作原理浅析:该系统由肌肉刺激器和定时器两部分组成。图 4 - 3 (a)为肌肉刺激器部分。芯片 7555 连接成振荡器工作模式,可产生 80Hz 的脉冲。IC1 的输出送至晶体管 T1,其发射极经 R3 和 VR1 再连接至晶体管 T2 的基极。T2 集电极连接至变压器 X1 次级线圈的一端,另一端接地。当 IC1 振荡时,变压器 X1 受脉冲频率驱动后,在初级产生高压脉冲。两块电极连接至初级线圈的两端。D1 保护 T2 免受 X1 产生的高压脉冲的冲击。VR1 可以控制电极上感觉的脉冲电流强度,而用 LED1 的亮度指示此脉冲的幅度。如果你还想增加脉冲的刺激强度,用 5.6kΩ ~

10kΩ 的电阻取代图中 1.8kΩ 的 R2 即可。X1 是小型的电源变压器,初级为 220V AC,次级为 12V,100/150mA。使用时必须反接,即连接次级至 T2 的集电极和地,初级连接两只输出电极。输出电压大约为 60V,但电流很小,没有电击的危险。图 4 − 3(b) 是定时器电路,它用 NE555 接成单稳工作模式。开始时,合上 S2,单稳电路被触发,输出高电位约 10min。10min 过去,输出变低,蜂鸣器 PZ1 鸣叫,红色 LED2 发光,表示治疗时间结束。每次治疗过程约 10 分钟。

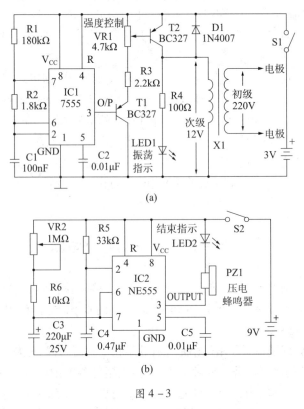

图 4 − 3

元器件选用参考:电极用小面积的薄金属板制成,尺寸大约为 2.5cm × 2.5mm。用软导线焊接电极并连接至变压器的输出端。在贴附金属电极至身体之前,应先用湿布擦拭电极。然后借助弹性扎带将电极绑到身体的治疗部位,合上 S1,慢慢转动 VR1,直至你感到有轻微的刺痛感为止。注意:心脏病人和孕妇不要使用此治疗器。同时,不要将电极贴附至伤口。使用之前,最好咨询一下医生。

4、家用电子保鲜器电路

空气电离后产生的臭氧和正负离子有很强的杀菌作用,本文介绍家用电子保鲜器就是利用这一原理设计的,电路如图4－4所示。

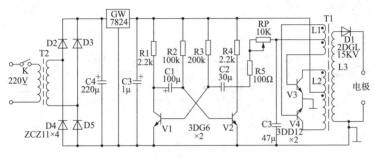

图4－4

工作原理浅析:晶体管 V1、V2 组成多谐振荡器。V3、V4 组成超音频振荡器。电源接通后,振荡器工作,超音频振荡器产生约 30kHz 的高频信号,经过变压器 T1 耦合和 D1 整流后,加在金属电极板上的电压为10kV 以上,使极板间的空气电离,产生的臭氧和正负离子扩散到存放食品的空间,就能起到保鲜作用。

元器件选用参考:T1 为高压振荡变压器,可用 12 英寸(30.48cm)电视机行输出变压器改制。将其低压包拆掉,绕上 L1 和 L2。L1 用线径为 $\phi0.35mm$ 的高强度漆包线,双线并绕 5 匝,线圈的头尾连接在一起为 L1 的中心抽头。L2 用同样的线径双线并绕 15 匝,头尾相接为 L2 的中心抽头。原变压器的高压包不动,作为 L3。绕制时应注意 L1、L2、L3 之间有良好的绝缘,防止放电打火。T2 为电源变压器,可以用 220V/36V,50W 的电源变压器。电极板为 220mm×140mm×2mm 的铜箔环氧板。正极板上均匀分布着 60 个 $\phi10mm$ 的通孔,负极板与正极板通孔对应的位置,装有 60 只大头针,大头针之间也打有 $\phi10mm$ 的通孔,大头针尖端外漏 20mm,且外露的长短要一致,将大头针与铜箔焊牢,针体应与板面垂

143

直,安装时针尖与另一极板相距5mm,每个针的尖端对准圆孔的中心,然后固定好两极板。V1、V2的β值要求≥200,V3、V4要选用V_{ceo}≥200V,V_{ces}≤2V,β≥30的管子。其他元器件如图标所示。

5、大功率空气清新器电路

本例为一款空气清新器电路,由高压使空气电离,产生负氧离子,清新空气,电路如图4-5所示。

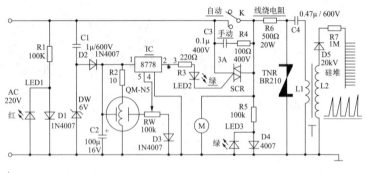

图4-5

工作原理浅析:此空气清新器有手动和自动两种选择。当开关K拨在手动位置时,它就连续工作;当开关K拨在自动位置时,只有在室内空气质量不好时它才开始工作。气敏元件QM-N5控制ICTWH8778第5脚的电位高低,当5脚达到1.6V时IC导通,2、3脚输出高电平,SCR被触发导通,高压发生部分开始工作,同时仪表风扇开始送风,增加空气流动。高压发生部分主要元件是双向过压保护二极管TNR,其型号为BR210。当TNR工作在"雪崩"击穿区时,D4迅速通过TNR、L1放电,因此升压器次级L2感应出高压脉冲,通过D5、R7和针板开放式放电,使空气电离,产生负氧离子。

元器件选用参考:LED1为电源指示,LED2为自动工作指示,LED3为高压工作指示,选用发光二极管。RW为自动工作灵敏度调节,M为方形12cm×12cm、AC220仪表风扇,升压变压器T选用摩托车点火线圈,汽车点火线圈亦可,只是体积大点,其他元器件数据如图即可。

6、空气负离子发生器电路(一)

本例为一款制作简单的组合式空气负离子发生器的电路,电路如图 4 - 6 所示。

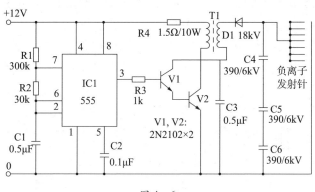

图 4 - 6

工作原理浅析:从稳压电源获得的 +12V 电压供给由 IC1(555)组成的单稳态多谐振荡器的 8、1 脚间,4 脚是复位端。IC1 起振后由 3 脚输出振荡脉冲。去驱动电子开关复合输出管 V1、V2,通过高压输出变压器 T1 的初、次级耦合,由 D1 倍压整流后的高压经过多极发射针发射负离子。

元器件选用参考:变压器 T1 可用黑白电视机上的分离式行输出变压器改绕而成。初级用 φ0.44mm 的漆包线绕 24 圈,次级高压绕组可用原高压包,只要注意相位即可。调节 R1、R2、C1 的数值,可改变 IC1 的振荡频率。

7、空气负离子发生器电路(二)

本例为空气负离子发生器电路,产生的臭氧对霉菌、蛀虫、蟑螂有灭杀功能。电路如图 4 - 7 所示。

工作原理浅析:图中 V1 可以用 DD01 或其他如 3DD15、2SD880 等,但 C3、R3 所用值不一样。由于 V2 所适用的高频频率在 20kHz 上下,C3

一般在 $0.47\mu F \sim 1\mu F$ 之间,R3 值宜调整,控制其整机电流在 0.3A 上下,由于各种管子特性 β 值不尽相同,因此宜作适当调整。T1 为电源变压器,一般 3 ~ 5W 的均能使用,最好用 8W 以上的,因为此发生器附有 LP 装置,平日可用作节能灯。T2 需自制,用 E 型磁性铁氧体材料,先以 $\phi =$ 0.06mm 漆包线密绕 2500T 作为次级,外管包两层绝缘胶布,初线用 $\phi =$ 0.21mm 漆包线排绕 20 匝中间抽头,作为初级,初级供电电压为 6.5V 时,调整 R3,测得次级高压在 1300V $\pm$ 100V 之间,即符合总的要求。IC 为 NE555,每当接下 SW2 后,继电器吸合 P 接通,V2 发出淡红色光约 4min 后,自动关闭。V2 为 H40615,工作电压 1300V,工作电流 1.3mA,外形尺寸为 ϕ16mm × 40mm,每小时可发生 7 ~ 13mg/H 臭氧量。必须注意,此发生器不宜长时间开启。

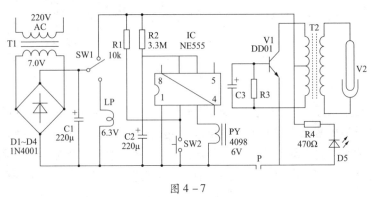

图 4 - 7

8、电子脉冲捕鱼机电路

本例为电子脉冲捕鱼机,适合于养鱼专业户,电路如图 4 - 8 所示。

工作原理浅析:图中 SG3525A 为美国硅通半导体公司的 PWM 芯片,其 1 脚为误差放大反相输入端,2 脚为误差放大同相输入端,5、6 脚为定时端,7 脚为放电端,8 脚为软启动端,9 脚为 PWM 补偿输入端,10 脚为关断信号输入端,11 脚输出 A,12 脚为地端,13 脚为输出级偏压端,14 脚为输出 B,15 脚为偏置电压接入端,16 脚为基准电压输出端。集成块内部带有图腾柱式放大电路,可以直接驱动功率场效应管。

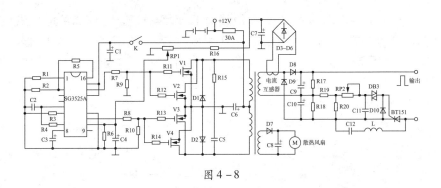

图 4 - 8

工作过程:SG3525 输出的 PWM 脉冲信号从 11、14 脚输出,经 R7、R8 限流后分别驱动 V1、V2 和 V3、V4 组成的功率推挽电路,PWM 脉冲信号控制 V1、V2 和 V3、V4 轮流导通,从而控制逆变电压和频率。6 脚外接电阻改变其阻值可调控 SG3525 输出的 PWM 脉冲频率,关断信号来自电流互感器接至 SG3525 的 10 脚,当 10 脚电压高于 0.7V 时,芯片将进行限流控制,电压高于 1.4V 时,IC 内部 PWM 锁存器关断输出,从而保护功率开关管不致损坏。D8、D9 等元件组成倍压整流电路,C9、C10 为滤波储能电容。D83 为触发二极管,用于触发可控硅 BT151 导通,由于BT151 导通后不易关断,因而电路中加入了关断电感 L 和关断电容 C12强制其关断。RP2 为输出频率控制电位器。可以改变可控硅的导通角,即改变可控硅的脉冲放电频率。随着频率的升高,输出功率也相应增大。但如果将脉冲频率调得太高,导致不易上浮的深水区鱼类都被直接击昏在深水处,就不易捕捞了,所以应选择适当的输出功率。

元器件选用参考:该电路元器件无特殊要求,按图标数据选用即可。

9、高压电子灭鼠器电路

本例为捕鼠器电路,具有声光报警和自保护功能,电路如图 4 - 9所示。

工作原理浅析:T1 为升压变压器,D1 为白炽灯泡串接在 T1 的初级电路中,起保护作用。通电后,在没捕到老鼠时,T1 变压器的次级开路,T1 的初级部分感抗较大,流经 D1 的电流较小,D1 不亮,灯丝冷态电阻小,220V 电压大部分加在 T1 初级线圈上,次级感应出足够高的电压供给电网等待捕鼠。此时 T2 初级电压很低,报警电路不工作。当捕到老鼠时,高压部分通过鼠体接近短路。这样就使 T1 的初级电流急剧增加,白炽灯灯亮,灯丝电阻受热上升到额定值,从而使流以 T1 初级的电流受到限制,起到保护变压器不被烧坏的作用。同时由于 D1 两端的电压升高,报警电路获得足够的电压而工作,发出连续的像猫叫的报警声。

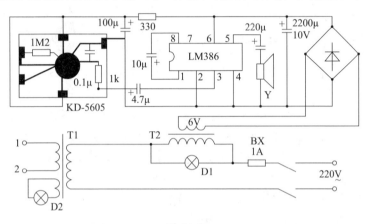

图 4 - 9

元器件选用参考:T1 可以选用市售的专用捕鼠变压器。D1 为 100W 白炽灯泡。D2 为 6.3V/0.1A 指示灯泡,K 为 2.5A/220V 2×2 开关。报警部分功放电路选用 LM386。发声片选用 KD-5605 型猫叫声芯片。Y 选用 0.5W/8Ω 4 时扬声器。整套装置可固定在机壳内,高压输出部分的接线均应与机壳绝缘,只要焊接无误,即可正常工作。

10、电子灭蝇器制作电路

本例为一款电子灭蝇器,其电路如图 4 - 10 所示。

工作原理浅析:220V 交流电经电容及二极管组成的 5 倍整流电路升压,输出 1400V 的高压,接至电网上进行灭蝇。灭蝇时可在电网下边放些诱饵。用此灭蝇器时应特别注意人身安全。

元器件选用参考:此线路简单易行,可以自制,它每日耗电

< 0. 005kWh。电路中 D1～D5 反向电压为 800V,电流为 300mA;电容器
耐压为 630V,电容为 0. 47μF。元器件无特殊要求,按图标数据选用
即可。

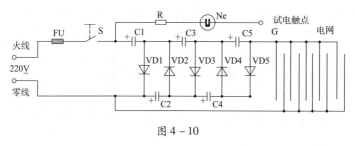

图 4 – 10

11、电子驱蚊器制作电路

本例为电子驱蚊器,能产生模仿雄蚊的超声波信号,从而达到驱蚊
的目的。其电路如图 4 – 11 所示。

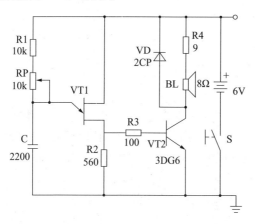

图 4 – 11

工作原理浅析:由图可知,其中单结管 VT1 是一个弛张振荡器,
10kΩ 电位器 RP 用来调节振荡器频率;三极管 VT2 工作的脉冲状态起功
率放大作用;二极管 VD 为续流二极管。这种驱蚊器工作后,在距它 2m
左右的范围内有一定驱蚊防咬效果。尽管仍有蚊子在飞,甚至还会落在

人身上,但一般不咬人,原因是喜欢叮人吸血的雌蚊已经被驱,剩下的雄蚊子基本都不咬人。

元器件选用参考:本机扬声器是个关键,应选用高频响应特性好的扬声器或高音扬声器,确保多辐射超声波功率,提高驱蚊效果。在当前条件下,采用耳机作电声换能器亦可。其他元器件按图标选用即可。

12、电子蚊蝇拍制作电路

本例为一款结构简单的电子灭蚊拍电路,如图4－12所示。

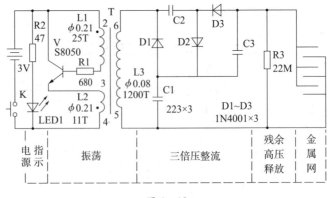

图 4－12

工作原理浅析:由 3V 直流电,经三极管与变压器组成的振荡器,产生频率约 18kHz、300V 左右的电压从 L3 输出,再经三只整流二极管与三只电容组成的三倍压电路升压得到 1000V 左右的高压电,将其接在灭蚊拍金属网上,当蚊子触及电网,立即被击毙。

元器件选用:T 振荡升压变压器,采用 E13 铁氧体磁芯(中心截面积为 6mm×3mm)。根据磁芯尺寸,用白版自制骨架,并熔上烛蜡以增加绝缘性能,按次序先绕 L2,最后绕 L3,绕组间垫一层绝缘胶带,各绕组绕向相同,图中黑点线头。V 振荡三极管,选用 S8050NPN 型中功率硅管,$\beta 120 \sim 200$。也可用 9013 代替。C1、C2、C3 升压电容选 CL11 型耐压、630V 涤沦电容。D1、C2、C3 倍压整流二极管,选用 1N4007(1000V1A)。K 电源开关,用 6×6 立式微型轻触开关。电阻用 1/16 或 1/8W 碳膜电阻。电源用 2 节 5 号电池。蚊拍网面勿用水或酒精擦洗,以免高压漏电。千万勿在严禁烟火的场所使用,以免引起火灾。

13、高效超声波驱虫器电路

本例为一款驱虫器电路,能发出一连串不断变化的超声波频率。对于家中蚊子、苍蝇、老鼠、跳蚤、蟑螂、臭虫均具有强烈驱逐作用。原理如图 4 – 13 所示。

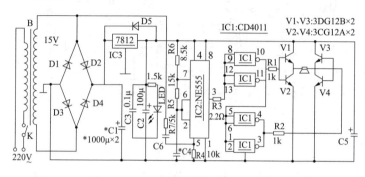

图 4 – 13

工作原理浅析:由图可知,闭合开关 K,220V 交流电经变压、整流、稳压后供给各部分,时基电路 IC555 得电后与 R4、R5、R6、C4 构成 45kHz 的多谐振荡器,50Hz 交流电经 R7 和 C6 耦合至 IC2 的 5 脚,从而控制该振荡器的频率在 20 ~ 65kHz 之间连续变化,该频率由 IC2 的 3 脚经 R3 输入 IC1 和 V1 ~ V4 组成的桥式电路进行推动放大后由喇叭输出的超声波。

元器件选用参考:B 为 15V10W 变压器,D1 ~ D5 为 1N4007。电阻全部采用 1/4W,喇叭用压电式高音扬声器,也可用 HTD—27A 压电片加助声腔制成。

14、电子节能捕蚊灯电路

本例为一款电子节能捕蚊灯电路,原理如图 4 – 14 所示。

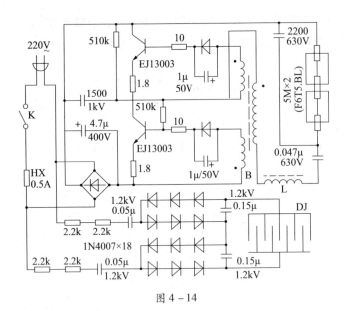

图 4－14

工作原理浅析:该电路由两部分组成:图中的上部分为节能式电子镇流电路,适用电压范围宽,启动快,性能稳定,无噪音、无闪烁;下部分是倍压整流,放电电极间能产生千伏直流高压,将迎光飞来的蚊蝇飞虫击死。荧光灯管是具有特定光谱的黑光灯管,不能用普通荧光灯管代换,试验放电特性时要特别注意安全,将长 300mm 的绝缘棒一端浸湿,测试放电时手执另一端,以防电击伤人。

元器件选用参考:该电路元器件无特殊要求,按图标数据选用即可。

15、机顶盒与电视机电源延时电路

本例为一款机顶盒与电视机电源延时电路,如图 4－15 所示。

工作原理浅析:交流 220V 电压经双刀开关、降压变压器、D1 整流、C1 滤波输出 12V 直流电压。收看电视时,只要按下电源开关后,由 R6、DZ2、Q3 组成的电路使 KA1 得电动作,电视机首先接通电源。同时经过由 R3、R4、C2、R5、DZ4、Q2 组成的电路延时,使 KA2 得电动作,机顶盒接通电源,即可正常收看电视节目。要关闭电视机和机顶盒时,只要断开开关,由于 R1、R2 的存在 12 V 电压瞬时消失,Q1 导通,Q2 截止,KA2 失电,机顶盒断电。由于 D2 起隔离作用,C3 的容量很大,Q3 的阻抗很高,KA1 经过一定的延时后才失电,电视机断电。

元器件选用参考:该电路元器件无特殊要求,按图标数据选用即可。

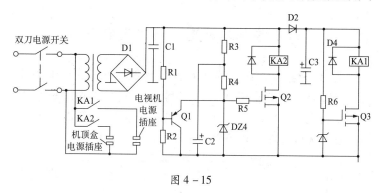

图 4 - 15

16、有特色的调频发射电路

本例为调频发射电路,可以藏在任何地方用于各种监听声音的小电路,生活中可以用作婴儿监护器,如图 4 - 16 所示。

工作原理浅析:监听电路工作在调频波段,可用普通的调频收音机接收。电路图基于一个数字集成电路 74LS13,图中的驻极体麦克风 MIC 的偏置电压是电源通过 R1 供给的,麦克风的信号加到 IC1 的 5 脚上。C1 用于电源滤波,以消除可能存在的波动或使其受到抑制,C3 是将话筒信号耦合到集成电路输入端,C2 的使用改善了电路的性能和灵敏度。该电路对天线的要求不高,任何短导线都能做成合适的天线。

电路工作在三次谐波处,大约 100 MHz。该电路图可做到 10 ~ 20m 的距离,已够用

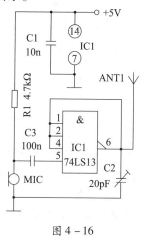

图 4 - 16

了。另外,这个简单的电路的灵敏度很高(容易产生正反馈,特别是拿在手里的时候)。最好的办法是放在某处并远离它,这样就可以良好地工作了。

元器件选用参考:该电路元器件无特殊要求,按图标数据选用即可。

17、高保真调幅无线话筒电路

本例为无线话筒,采用调幅(幅度调制)方式,工作频率范围525kHz～1605kHz,用收音机 AM 中波段接收。可使传送距离达几十米。除了用作舞台无线话筒外,还可以用作电话无线振铃、婴儿啼器监视、电视伴音转发及无线呼叫门铃等。其电路如图 4－17 所示。

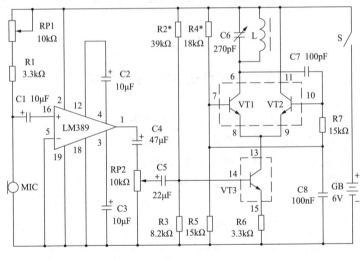

图 4－17

工作原理浅析:电路以集成电路 LM389 为核心元件组成,语音信号由话筒 MIC 获取并转换成电信号,放大后经音量电位器 RP2 和 C5 耦合至差分电流源电路中 VT3 的基极。VT1、VT2 共同组成射频振荡器,L、C6 为并联式高频振荡调谐回路,C7 为振荡反馈电容。这种电路振荡频率稳定,无杂散的调幅和调频谐波及其互调失真,线路调制特性明显优于其他射频振荡电路,因而使信号的无线传输具有较高的保真度。附图

154

中,RP1 是话筒 MIC 的偏置电压调整电位器,VT1、VT2、VT3 为 LM389 内部的高频晶体管。

元器件选用参考:MIC 选用国产 CRZ2 型驻极体话筒,其工作电压是 1.5 ~ 12V,频响范围为 50 ~ 10000Hz,灵敏度 > 20V/Pa。C6 使用 CBM - 223 或 CBM - 270 小型调谐电容,若为双联电容则 R 使用其中一组。C6 可以使用一只 0 ~ 250pF 高频固定电容和一只微调电容并联后代替。L 用 ϕ0.01mm × 7 股纱包线在长 50mm 的 MX - 400 锰锌铁氧体中波磁棒上绕制,平绕 60 匝,磁棒型号可选 Y10 × 50(圆形)或 B5 × 10 × 50(扁形)等。如果在磁棒上再平绕一个 20 ~ 30 匝的线圈,一端接 1.2m 长的软线,另一端接地(电池负极),可增加发射距离。其他元器件按图标数据选用即可。

18、玩具无线对讲机电路

本例为一款以 LM389 为核心元件的玩具对讲机电路,如图 4 - 18 所示。

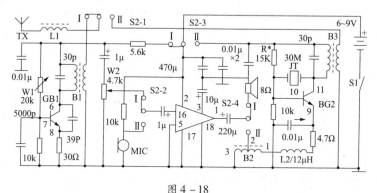

图 4 - 18

工作原理浅析:该电路的核心元件 LM389 为美国 NS 公司生产的带晶体管阵列的功放电路,该芯片内含一个功能类似 LM386 的功放电路和三个独立的高频小功率管。由图可知,当 S2 置于"I"端时,整机为接收状态。由 BG1 组成超再生检波电路,该极调谐在 30MHz 范围内,TX 接收到对方发射的信号时,经检波后进入功放级进行放大。由于功放级增益较高,故无需加前置级仍可得到较大的输出功率。S2 置"Ⅱ"端为发射状态。MIC 拾取的音频信号经放大后对发射级进行调制,形成 30MHz 高频调幅波,经加感线圈,由天线向外发射。由于该级采用晶体稳频,故整机频率稳定度极高。

元器件选用参考:B1、B2、B3 均选用常见的 30MHz 对讲机用的 10TV315 线圈,B2 只用初级;电感 L1 在工字型磁芯上用 $\phi 0.2$mm 漆包线绕 9 圈;石英晶体标称频率可在 $26 \sim 37$MHz 间选择,但应对谐振电容作适当的调整;开关 S2 须选用 4×2 压簧自锁开关。

19、简易调频无线对讲机电路

本例为一款无线调频对讲机,通话声音清晰,作用距离大于 1km。电路如图 4 - 19 所示。

工作原理浅析:该机发射电路以简洁为原则,摒弃了复杂的匹配、滤波网络,特别选用了截止频率高达 5GHz 的高频低噪声专用三极管 BFR96S,构成一级集电极调制的电容三点式振荡电路。其音频调制较深,人体感应小,稳定性相当好。末级采用发射专用管 D40 作一级丙类高频功放,故以简单的电路取得了优良的效果。改变线圈 L 的匝间距离,可改变发射频率;改变 C_1 的容量可改变音频调制深度;改变 C_2 的容量,可改变发射频率的带宽。电路还设有一块音乐集成电路以构成呼叫电路。接收电路采用了两块飞利浦公司生产的集成电路,使得电路变得非常简单可靠,不用调试即可取得良好的接收效果。天线接收到高频信号经 IC_1 放大、鉴频后,从第 2 脚输出音频信号。接收的频率由 C_3、L_1 确定。功放采用一块立体声小功率集成电路 TD7050 构成 BTL 放大。该集成电路功耗低,无需外围元件,输出功率足以驱动一只 8Ω 小扬声器。为方便装配,省了音量电位器。电路中 K 为电源开关,K_1 为收、发转换开关。AN 为呼叫用的按钮开关。

元器件选用参考:K 为小型单联拨动开关,K_1 为双联自复位开关。L_1、L_2、L_3 均用 $\phi 0.52$mm 的漆包线在 $\phi 5$mm 的圆棒上密绕 8 圈后脱胎而成。天线用 1m 拉杆天线,其连接导线应短而粗。无极性电容均用高频瓷片电容。MIC 用微型驻极体话筒。

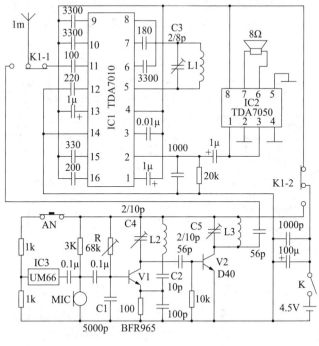

图 4 – 19

20、调频立体声发射器电路

本例为一款调频立体声发射器,共电路如图 4 – 20 所示。

工作原理浅析:IC(BA1404)为一块调频立体声编码/发射专用集成电路。由于其第 7 脚输出的功率小,仅几个毫瓦,故该电路由 N1 及其周边元件构成一高效振荡器,该振荡器的效率较高,使得发射机的发射距离在开阔地带可达 1km。外接音频信号由 P1 插座输入,经 C3、R3 及 C1、R4 等分别构成 L、R 声道的预加重,由 IC 第 5、6 脚间的晶体决定的 38kHz 振荡信号对 L、R 信号进行时分多路调制,产生立体声复合信号,由第 14 脚输出,同时 38kHz 振荡信号经内部 2 分频后得到 19kHz 的导频信号由第 13 脚输出。第 14 脚的立体声复合信号与 19kHz 的导频信号分别经过 R2、C7 及 R1、C 12后进行叠加,再由 C 18耦合至 N1 的基极对高频振荡器进行调频,振荡器的工作频率在 88～108MHz,即调频广播频段,调制后的高频信号由固定在电路板上的拉杆天线向外发射。

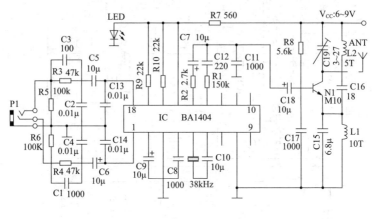

图 4-20

元器件选用参考:该机天线直接由 N1 的集电极引出,采用 12V6Ah 的免维护蓄电池供电,高频振荡部分应选用瓷介电容,容量值如图所标注,L1、L2 分别用 φ0.51mm 的高强度漆包线在 φ3mm 的钻头上密绕5匝和10匝,天线采用 1.2～1.5m 的拉杆天线,并使其底部直接固定在电路板的焊接面,切不可随便用一根导线将天线底部与电路板相连,这样将造成高频的损耗,减小发射距离,且易引入外界的影响。如欲更进一步减少影响,可将全部电路装入一屏蔽盒内,屏蔽盒用厚度 2～3mm 的铁板或镀锡板做成。音源可以选用随身听、CD机或影碟机的耳机输出,而且必须附带音量控制电位器以调节音量输出电平,避免产生过调制。如果发现发射频率与当地的调频广播频率相同,可适当调节 L1 的匝间距或略微改变 C19 的值可避开调频广播台。

21、无线耳机制作电路

本例为一款无线耳机制作电路,发射距离无阻挡时可达 50m,工作电流为 8mA 左右,如图 4-21 所示。

工作原理浅析:接收电路如图(a)所示。KA22429 为一块 16 脚双列扁平封装的微型调频接收专用集成电路。改变其第 4、5 脚间本振回路即可实现选台,第 4、5 脚间有一转换开关,断开时是 FM 收音机,接通时是"RE"接收器;第 12 脚为天线信号输入端(天线接耳机连接线);第 14 脚为音频输出端,经 100μF 电容和 10kΩ 电位器到 TDA7050;第 9 脚为场强检测输出端,此处为空脚。TDA7050 是微型立体声音频放大集成电路。由于 KA22429 直接输出的是单声道信号,因而 TDA7050 输入时,第 3、4 脚交换,使左右声道产生 180°的相位差,最后输出立体声推动耳机。发射电路如图(b)所示。由 9018 等元件组成电容三点式振荡放大电路。改变 Cp 可改变发射频率,音频信号由 R1、C1 预加重后经 C2 加到 9018 的基极,改变基极电位以达到调频的目的。射频信号由 C4 送到线路板上的铜箔天线向外发射。

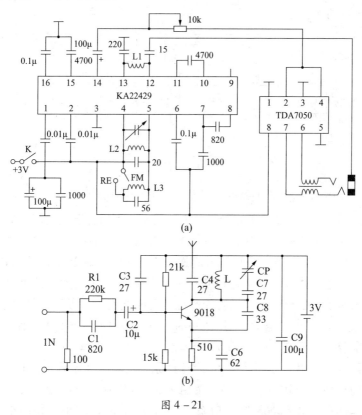

(a)

(b)

图 4 - 21

元器件选用参考:接收电路中的 L1、L2、L3 与发射机中的 L 用 φ0.51mm 的高强度漆包线在 Φ3mm 的钻头上绕制而成,L1 绕 14 匝,L2 绕 6 匝,L3 绕 8 匝,L 绕 6 匝。

22、无线调频话筒电路

本例为一款采用集电极调制方式的调频无线话筒。利用变容二极管的结电容随加在其两端的电压改变而改变的特性使得本电路发射出的调频信号的频率偏移度达到了 ±25kHz ~ 30kHz,这已与调频广播的调制频偏度指标相近。从调频接收机中听到还原声音信号的音域高低端均有了大幅度延伸,使话音信号高保真度发送有了质的飞跃。其电路如图 4 - 22 所示。

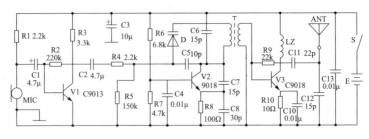

图 4 - 22

工作原理浅析:以晶体管 V2 为核心构成的电容三点式振荡电路产生的高频信号经中周 T 耦合至 V3 进行功率放大后送至天线即可向周围空间发射出无线电波。其有效发射半径为 200m。话筒 MIC 将声音信号转变为 0 ~ 5mV 的音频电压信号后送至 V1 及 C1、C2、R1、R2、R3、R4 构成的阻容耦合式音频放大电路进行音频信号的电压放大。经过放大的音频电压信号加至变容二极管的两端即可改变变容二极管的结电容值。C5 既是变容二极管与 LC 谐振回路的的直流隔离电容又是 LC 谐振回路谐振电容的一部分。LZ 为高频扼流圈。

元器件选用参考:话筒 MIC 应选择原装正品驻极体话筒,V1 选用低噪声的正品 2SC9013G。V2、V3 选用正品 2SC9018H 型高频特性佳的小功率晶体管或 2SC2668 型小功率管。C1、C2、C3 选用小体积的电解电容。其余电容均为高频瓷片电容。电容二极管 D 的型号为 IS2236 或 2SC9012 的 b－e 结代用。中周 T 选用 7×7 型高频中周,也可从废弃的无绳电话中拆取,其初级、次级均用 φ0.5mm 的高频高强度漆包线绕制。初级绕 3 匝,次级绕 1 匝即可。Lz 用 φ0.5mm 的高强度漆包线在圆珠笔芯上绕 8 匝脱胎而成。天线是长度长 60cm 的拉杆天线。电源采用 2 节 5 号电池串联成 3V 直流电压即可。

23、变音无线话筒电路

本例为变音无线话筒,由一块 TM0071A 变声集成电路和无线发射电路组成,如图 4－23 所示。

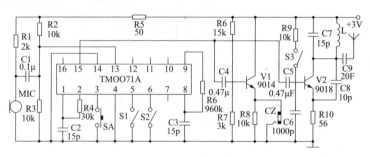

图 4－23

工作原理浅析:TM0071A 是一种新型的大规模语音处理电路,可将输入的音频信号转变为数字信号,经过处理之后,再输出音频信号。该集成电路工作电压在 3～5V,工作电流 ≤10mA,S1 为正常音/变音选择开关,S2 为太空声选择开关。每按一次 SA 按钮即可获得一种变音声调,其变音顺序是:按第一次为高音,模仿女声或童声的声音,按第二次为中音,按第三次为低音,按第四次为正常音,每按 4 次重复一个周期。当 S1、S2 开关闭合按动按钮 SA 可获得 4 种不同声调的太空人的声音。无线发射电路由 V2 晶体管及外围元件组成,载波由 V2 构成的电容反馈式高频振荡器产生,语音调制信号从 V2 基极输入,调幅信号由天线发射,电感 L 自制,用 φ0.48mm 的漆包线绕 6 圈,直径为 5mm。调节线圈 L 或电容 C7 使变音无线话筒的发射频率在 100MHz 范围之内,用一台调频收音机就可收到变音无线话筒的声音。晶体管 V1 和电阻 R6、R7、R8 组成射极输出器,如变音信号不经发射电路发射,可将开关 S3 断开,通过插座可将变音信号直接送到扩音机输入端。

元器件选用参考:该电路元器件无特殊要求,按图标数据选用即可。

24、高稳定度无线传声器电路

本例为高稳定度无线传声器,工作于 FM 频段,由于电路采用石英晶体作稳频元件,故接收到的频率十分稳定,电路如图 4 - 24 所示。

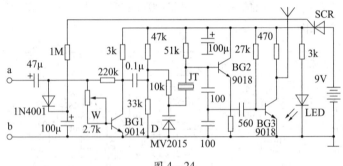

图 4 - 24

工作原理浅析:BG1 将输入的音频信号放大后,所输出的音频信号加到变容二极管 D 上,由于变容二极管属于一种压控元件,其等效电容量会随着输入信号电压的变化而变化,从而使 BG2 及其外围元件组成的载波振荡器振荡的中心频率随之变化,形成调频信号。由于电路使用石英晶体作稳频元件,使振荡器可稳定地谐振于晶体的谐振频率上,这样就避免了频率的漂移。振荡器的输出信号经 BG3 高频放大后,向外发射出可供 FM 收音机接收的二次或三次谐波信号,实现了无线传声。

元器件选用参考:BG1 ~ BG3 均要求 $\beta \geqslant 100$;JT 选用标称频率为 30 ~ 50MHz,金属封装的石英晶体,只要能使振荡器产生的二次或三次谐波信号在 88 ~ 108MHz 范围即可;SCR 选用触发电流为微安级的单向可控硅,如 MCR100 - 6、MCR100 - 8 等型号;其他元件只要质量良好均可使用。

25、太阳能充电器电路

本例为太阳能充电器,采用 6V、200mA、14cm × 11cm 单晶硅太阳能光伏电池两块并联、两块 3.6V 手机锂电板、4 只开关、高电度 LED、多功能手机连接尾插组成,内有 6 挡电压组合输出,可应用于手机、MP3、对讲机、手持 GPS、MP4 以至于摄影机、数码相机的应急使用。电路如图 4 – 25所示。

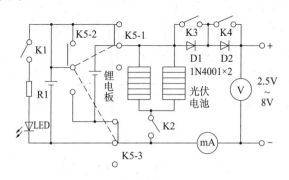

图 4 – 25

工作原理浅析:LED 为高亮度发光管,供照明和电量显示。R1 为限流电阻。其阻值 =(电板电压 – LED 正向压降)/发光管电流,D1、D2 为降压二极管,一般硅管正向降为 0.6V。两块锂电板内带过充、过放保护电路,经 K5 切换成并联和串联状态。经 K3、K4 开、关组合,可输出 2.5、3.4、4.6、5.7、8.8V(充足状态)。手机尾插可用多功能尾插,有多种接口与手机配合,另加十字插头。K2 的作用防止电板电量经光伏电池泄放,不照阳光时把 K2 断开。充电二小时后,测光伏电池的充电电流,一般为200mA,可计算出需要充多少小时,公式为充电子表时间 = 电池容量 ×2/充电电流,如 600mAh ×2/200mA = 6h。

元器件选用参考:该电路元器件无特殊要求,按图标数据选用即可。经调试成功后,可装入一小匣子里面,K1、K2、K3、K4、K5、LED 固定在侧边,并把尾插接线引出,输出端连入微型接线引出,输出端连入微型小表头,以监视输出电压电流。

26、充满电自停的简易充电电路

蓄电池充满电后如不及时断电将使蓄电池过充电,这样会大大缩短蓄电池的使用寿命,本例为一款充满电自停的简易充电器,其电路如图4-26所示。

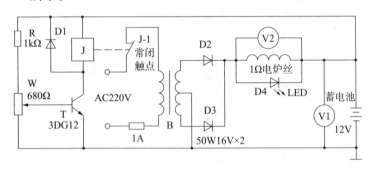

图 4-26

工作原理浅析:当12V蓄电池充满电后其端电压上升到13.5V,这时三极管 T 导通,继电器吸合 J-1 断开,从而切断充电器电源,充电器停止工作。

元器件选用参考:微型指针万用表 2 块,12V 继电器 1 只,1Ω 电炉丝一段,D2、D3 选 1N5404 整流管,其他元件参数如图4-26所示。

安装与调试时,当蓄电池电压上升到13.5V 时,调整电位器 W 使继电器吸合即可。电压表和电流表都用小万用表代替。V2 并联在 1Ω 电炉丝上,其电压值即为充电电流值。

27、太阳能手电筒超级电容蓄电电路

本例为一款用超级电容蓄电的阴晴可充式太阳能手电筒。其电路如图4-27 所示。

工作原理浅析:该电路由太阳能电池板、充电保护、法拉电容蓄电模块、MC34063 DC/DC 升压稳压相关电路等组成。其原理为:具有阴雨天和室内光线充电功能的太阳能电池板,经保护电路向法拉电容蓄电模块

充电,再经 MC34063 DC/DC 升压稳压电路为电筒 LED 提供电能。

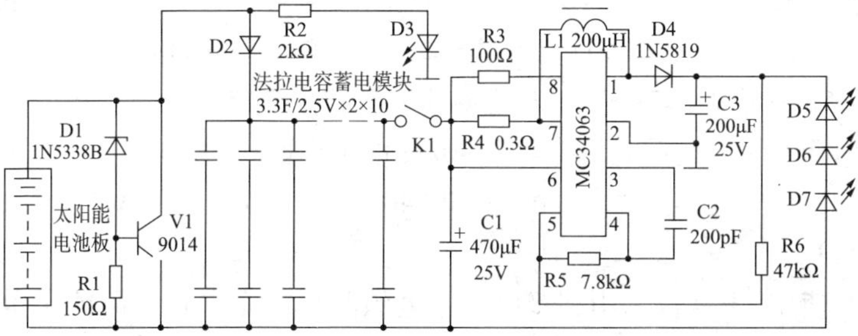

图 4 - 27

元器件选用参考与制作要点:太阳能电池板:采用单晶硅太阳能电池散片改装。由于电筒壳体的有效面积有限,将太阳能电池板做成折叠式,将功率最大值提升为 $16V \times 100mA$,使其在阴雨天和晴天室内的开路电压、短路电流分别达到 $10.8V$ 和 $15mA$,从而确保了太阳能电池板在白天无论是晴天或阴雨天气都能充电。

法拉电容蓄电模块:由 40 只"AL 牌"$3.3F/2.5V$ 的法拉电容两两串联后再并联,组成 $33F/5V$(标称值)的法拉电容蓄电模块。经实验确定 $4.8V$ 为充电电压上限,在此电压范围内,各法拉电容单体所承受的电压不超过 $2.5V$。

充电保护电路:采用稳压二极管和泄流三极管构成过压保护电路。为了与法拉电容蓄电模块充电上限电压匹配,D1 为 $5.1V/5W$ 稳压二极管,防反充隔逆二极管 D2 采用正向压降 $0.3V$ 左右的。R1 取值在 $100\Omega \sim 200\Omega$ 之间,当法拉电容蓄电模块电压充至 $4.8V$ 时,D1 阴极电位高于 $5.1V$,R1 压降达到 $0.63V$ 左右,V1 导能,太阳能电池全部电流(最大为 $100mA$)通过 V1 和 D1、R1 得以消耗,从而保护法拉电容蓄电模块电压不超过上限;当法拉电容蓄电模块电压低于 $4.8V$ 时,D1 为高阻状态,R1 压降几乎为零,V1 截止,太阳能电池给法拉电容蓄电模块充电。

MC34063 DC/DC 升压稳压电路:由于供电过程中法拉电容蓄电模块的电压不断下降,LED 无法直接作为其负载,必须将法拉电容蓄电模块提供的电能进行升压稳压处理。本电路采用单片双极型线性集成电路 MC34063 为升压稳压电路核心,它内含参考电压源、振荡器、转换器、逻辑控制线路和开关晶体管。外接元件如图所示。该电路可在以下范围工作:输入电压 2.2V ~ 9V,输入电流由 R4 决定,一般调在 500mA 内即可;其输出电压 35V 内可调,调试较为简单。手电筒发光体为 3 只串联的 φ5mm 草帽形高亮度 LED,将其工作电流确定为 18mA,此时其两端电压为 9.92V。调试时 R6,可用 40kΩ 电阻串联一只 10kΩ 电阻、串联一只 10kΩ 的电位器进行,本电路 MC34063 输出电压为 9.92V 时,R6 约为 47kΩ。

经使用,该款自制用超级电容蓄电的阴晴可充电式太阳能手电筒亮度稳定,法拉电容蓄电模块由 4.8V 放电至 2.7V,电筒亮度几乎不变,阴雨天在室内选择朝向光亮置放也可充满,充满可供使用半小时,非常适合日常居家生活照明。超级电容和 LED 均为长寿命绿色电子元器件,正常使用寿命可达 10 年以上。

28、非接触式验电器电路

本例为非接触式验电器,具有电路简单、性能可靠、使用方便等优点,而且能在电源导线绝缘体外面测出导线是否带电,并对隐蔽电线的故障点作检测。其电路如图 4 - 28 所示。

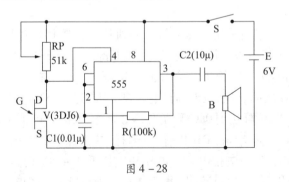

图 4 - 28

工作原理浅析:它实质上是一个高灵敏度的交流放大器。由时基振荡器 555 构成一个多谐振器。图中的场效应管 V 平时处于零偏置状态,其漏、源极之间的电阻较小,与漏极相连的 555 的 4 脚处于低电平(小于0.7V),555 不工作,喇叭 B 不发声。一旦场效应 V 的 G 极检测端有电场信号,使 D、S 极之间的电阻值增大,555 的 4 脚获得高电位(大于0.7V),振荡器工作,B 就发出"嘟嘟"响声。

元器件选用参考:该电路元器件无特殊要求,按图标数据选用即可。为使验电器构置得小巧些,E 可采用 2 节手机锂电池。

29、电话机状态指示电路

本例为电话机状态指示器,只使用 4 个电子元件,便可指示电话机挂机等待、摘机通话或拨号、电话本挂好、电话线被盗用及来电指示等。电路简单实用,耗电低,不会影响电话机和程控交换机正常工作,如图 4 - 29 所示。

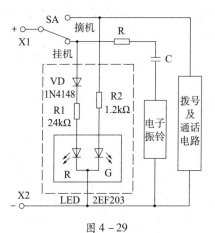

图 4 - 29

工作原理浅析:LED 为低电流高亮度红(R)、绿(G)双色发光二极管,R1 和 R2 是调节发光亮度的限流电阻,VD 为保护二极管。(1)挂机状态:在挂机时,电话机叉簧开关 SA 接通电子铃电路,等待收铃。这时,程控交换机通过电话线 X1、X2 送 48V 或 60V(由交换机型号决定)直流馈电电压,红色发光管 LED - R 发光,作待机指示,如果在挂机状态 LED - R 不亮,说明电话线断线开路或者电话线被盗用,使得 X1、X2 两端电压大幅度下跌,应及时检修或处理。(2)收铃状态:铃流信号是约90V、25Hz 的交流信号,当呼叫本机时,铃流信号经限流电阻 R 和隔直电容 C 使电子铃电路工作,发出振铃声;同时铃流信号还经 VD 整流,使 LED – R 发出闪烁的红光。(3)摘机状态:当向外拨打电话或接听电话摘机时,叉簧开关 SA 断开电子铃电路,接通拨号及通话电路。由于此时电话机直流主回路被接通,所以 X1、X2 两端的直流馈电电压被下拉至 5～8V,绿色发光管 LED – G 发光,指示电话机处于拨号及通话状态;如果挂机后 LED – G 仍发绿光,说明叉簧开关 SA 未被切换到挂机位置,这时应重新挂机,以免影响下次收铃。

元器件选用参考:该电路元器件无特殊要求,按图标数据选用即可。

30、电热垫自动开关控制电路

本例为在电热垫上增加了一个自动开关,可以人离断电、安全节电。电路如图 4 – 30 所示。

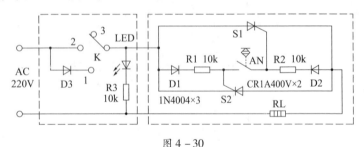

图 4 – 30

工作原理浅析:当人坐在电热垫上时,使开关 AN 在人体重量挤压下闭合,这时在市电电压正半周时,有电流流过 D1,同时 R1 上电压触发可控硅 S1 导通,为发热元件 RL 供电;市电电压负半周,有电流流过 D2,同时 R2 上电压触发可控硅 S2 导通,为发热元件 RL 供电。

当开关 K 处于 2 位置时,两只可控硅都导通,是全波对发热元件 RL 供电。当开关 K 处于 1 位置时,只有一只可控硅导通,电路处于半波状态为发热元件 RL 供电。K 置于 3 位时断电。当人离开电热垫时,开关 AN 无重力挤压便自动断开,于是可控硅因无触发电压而自动断开,从而停止了对电热垫的供电。这种开关只需要一定的电压,并不需要很大的电流就能触发可控硅的导通,因此开关 AN 处不会产生电火花,所以用起来比较安全。

元器件选用参考:该电路元器件无特殊要求,按图标数据选用即可。所有元件放在接线盒内,开关固定在电热垫内的适当位置上即可。

31、电脑温度控制器电路

本例为电脑温度控制器,可以使个人电脑在温度超过最高温度值时切断电源。其电路如图4-31所示。

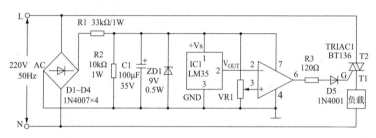

图4-31

工作原理浅析:假设电脑允许的最高工作温度为50℃,为使电脑安全运行,一旦电脑温度达到55℃,温度控制器通过其温度传感器LM35和比较器CA3140将电脑的电源断开。此55℃的门限值允许用户自行调节,并能在0℃~100℃范围内自由设定。该电路采用9V电池供电,此9V取自220V交流电源,经D1~D4全波整流、R1/R2电阻网络分压、稳压二极管ZD1稳压后,再用电容C1滤去纹波输出。用预置电位器VR1设定基准电压,此基准电压加至比较器IC2的同相脚3,此脚电压应设定得使电脑温度为55℃。在电脑温度低于55℃时,IC2反相脚2的电压低于同相脚3上的电压,因此其输出脚6处于高电位,此高电位触发双向可控硅TRIAC1(BT136)导通,从而将交流电源连接至电脑。当电脑温度升至55℃以上时,IC2反相脚2的电压也升高至与同相脚3上的基准电压相同,此时比较器输出立即变成低电位,BT136不再受触发,切断了电脑的电源供给。电路可安装在任何普通PCB板上,并制作成电脑扩展插卡的形式,插入需要监视温度的电脑内,接通电源,就可以安全使用电脑了。

元器件选用参考:该电路元器件无特殊要求,按图标数据选用即可。

32、电动车充电自动断电电路

本例为一款电动车充电自动断电电路。充电时,只要按下按钮,电动车开始充电,充电完成后能彻底切断电源,如图4-32所示。

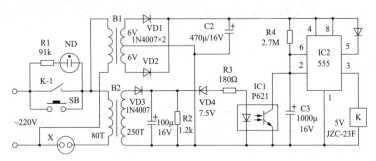

图4-32

工作原理浅析:如图所示。充电时,按下按钮开关SB,接通220V电源。这时电源部分为两路,一路经降压、整流后,为控制电路提供电源。另一路通过电流互感器B2和插座X(接充电器)。正常充电时,电流互感器初级端电压约为1.5~2V。次级端电压经VD3和C1整流滤波后在电阻R2两端产生约9~12V的电压。这时7.5V的稳压管VD4被击导通,使光电耦合器IC1导通,时基电路IC2的2、6脚电压为0V,3脚输出高电平,继电器K吸合,K-1触点接通,充电开始。

IC2等外围元件还构成一个定时器。这样,当充电器正常的电流充电结束进入涓流充电后,流过互感器B2初级线圈电流变得很小,负载电阻R2两端电压变为2~3V,使稳压管VD4截止,光电耦合器IC也截止。电源通过R4对C3充电,随着充电的进行,C3两端电压不断上升,当涓流充电时间到时(约2h),2、6脚为高电平,3脚输出低电平。继电器触点K-1断开,这时就彻底断开了充电电源。

元器件选用参考:电阻R1和氖灯ND用于电路工作的指示。变压器B1用3W双6V的电源变压器。B2要自制,方法是取一只中心截面6mm×10mm的E型铁芯,初、次级用直径0.3mm的漆包线分别绕80匝和 250 匝。其他元器件按图标选用即可。

33、能播放背景音乐的淋浴喷头电路

本例介绍的电路,只要把淋浴头水龙头打开,它就能反复不停地播放各种不同的背景音乐,如图 4－33 所示。

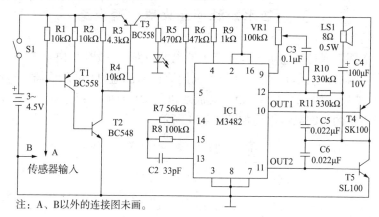

图 4－33

工作原理浅析:它由互补放大器对 T1 和 T2、起开关作用的 T3 和 12 种乐曲发生器芯片 M3482 等构成。M3482 是一块能播放 12 种乐曲的掩蔽 ROM、编程芯片,它内置有前置放大器,可提供简单的接口电路,以连接由 T4 和 T5 构成的驱动电路。此芯片还可以用其他芯片如 UM348 ××系列、WR630173 或 WE4822 等乐曲发生器芯片取代。

当淋浴打开时,乐曲部分的电源经同晶体管 T3 导通取得。头顶喷头单元可用两根绝缘的铜线电缆 AD 和 BC 出铜线部分,即 A′D′部分。用胶带将电缆 AD 牢牢地固定在喷头下方,其中裸线部分不要和喷头接触,但在工作时应使喷头滴下的水滴能落到导线上。电缆 BC 的一端 C 焊接到喷头上,焊好后在喷头颈部绕几圈以确保牢靠。将两根电缆的裸头 A 和 B 连接至图中电路中的传感器输入端。

当打开喷头水龙头时,滴下的水柱就将裸线部分 A′D′与电缆 BC 发生电接触,于是晶体管 T1 电源导通,T2 和 T3 也接着导通,因此整个乐曲

电路得到电源投入工作。乐曲音量可用 VR1 控制调整。当淋浴喷头关断后,T1 和 T2 截止,T3 基极出现高电位,T3 也停止导通,使乐曲电路部分的电源切断,乐声停止。这时电路实际上并不消耗电池功率。因此电池寿命很长。

元器件选用参考:该电路元器件无特殊要求,按图标数据选用即可。

34、热水器脉冲点火器电源电路

本例为强排式热水器脉冲点火器电源电路,一般都是由电源和脉冲点火器组成控制单元,电源部分是利用原机电源盒里面的变压器、整流、滤波,然后新加 12V 和 5V 稳压集成块以及 D1、D2、D3;脉冲点火器选用普通市售的易购品。电路如图 4 – 34 所示。

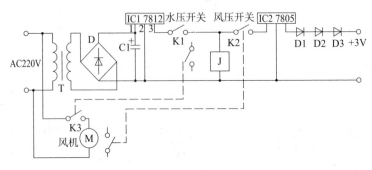

图 4 – 34

工作原理浅析:220V 交流电经变压器 T 降压、整流桥 D 整流、C1 滤波的脉动直流电压,经 IC1 稳压,为继电器 J 提供 12V 工作电压。只要用户开通自来水阀,水压开关 K1 接通,继电器 J 得电吸合使开关 K3 接通,风机得电工作。同时也使风压开关 K2 接通,使 IC2 得电输出工作电压 5V,再经 D1、D2、D3 降压,使输出电压约为 3V 左右,该电压作为给新加的脉冲点火器提供电源之用。改装后的新脉冲点火器的冷热开关和水压开关要短路接通(冷热开关或水压开关也可接原来的温控开关)。电磁阀接口照常接上去即可。该电源利用原外壳及支架固定,脉冲点火器也利用原支架固定(它们的尺寸相同)。电源与脉冲点火器之间的连线用原来的接线非常合适,无需改。值得注意的是风压开关 K2 不能省,因为如果将此开关直接连通后,万一风机出现故障时,燃气热水器里面的热气不能排出很危险,所以不能省。经过这样改造后的强排热水器基本上与原机相同,外观一点也没改变,使用也完全符合原机的要求。

元器件选用参考:该电路元器件无特殊要求,按图标数据选用即可。

35、手摸式水龙头节水开关电路

本例为一款手摸式水龙头节水开关,其电路如图4-35所示。

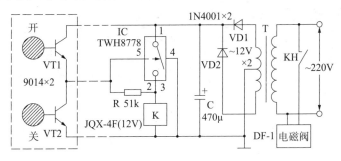

图4-35

工作原理浅析:功率开关IC和少量几个外围元器件构成了一个触摸式电子开关。220V交流电经电源变压器T降压、晶体二极管VD1、VD2全波整流和电容器C滤波后,输出约12V直流电压,供IC控制电路工作。平时,晶体三极管VT1、VT2均呈截止状态,功率开关集成电路IC的控制端第5脚无输入电压,其内部开关电路断开,电磁继电器K不吸合,整个电路处于待机状态。

当用手触摸一下"开"金属片时,人体从周围空间感应到的各种杂波(主要是50Hz交流电)信号便会使晶体三极管VT1导通,功率开关集成电路的第5脚获得≥1.6V的输入电压,控制其内部开关电路导能,使第2、3脚输出直流电压。该电压一方面经电阻器R反馈到IC的第5脚,使人手离开触摸后,IC内部开关电路仍保持导通状态,实现电路导通状态的"自锁";另一方面,驱动电磁继电器K吸合,使其常开触点K_H控制的电磁阀通电打开,水龙头自动出水。当用手触摸一下"关"金属片时,人体感应的微弱电信号使晶体三极管VT2导通,功率开关IC的第5脚输入电压下降至开启阈值电压(1.6V)以下,IC内部开关电路断开,电磁继电器K释放,电磁阀断电关闭,水龙头停止出水。此时,电路恢复到原来的待机工作状态。

元器件选用参考:IC选用TWH8778型功率开关集成电路,它采用TO-220五脚塑封包装,TWH8778的内部设有过压、过热、过流等保护电路,TWH8778也可用外形、功能完全一样的同类产品QT3353来直接代换。K用JQX-4F型中功率电磁继电器,触点形式为4H,使用时将4组常开触点全部并联起来,以增大带负载能力。电磁阀可选用DF-1型交流220V二位二通汽液电控阀。

第五章　电器控制、生活电子及实用线路

1、自动浇花机控制电路

本例为一款微型自动浇花机电路,如图 5－1 所示。

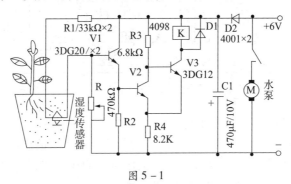

图 5－1

工作原理浅析:控制电路由射极跟随器 V1 和 V2、V3 组成。其执行元件为继电器(4098、6V)。当土壤湿度较高时,传感器电极间的电阻较小,晶体管 V1、V2 处于导通状态,晶体管 V3 截止。当土壤水份蒸发而逐渐变干时,由于电极间的电阻变大,使晶体管 V1、V2 截止,晶体管 V3 导通,接通继电器工作,从而使微型水泵转动,向插入电极的那块土壤供水,当土壤中的水份增加到一定程度,两电极间的电阻减小,达到一定值时,晶体管 V1、V2 导通,V3 截止,继电器停止工作,水泵停转。当土壤又变干时,上述过程重复进行。从而使土壤保持比较恒定的温度。

元器件选用参考:电阻全部用 1/8W 碳膜,晶体管 V1、V2、V3 的 $\beta >$ 50 即可,电容用电解电容,电源可用干电池、蓄电池或稳压电源。电位器用 470kΩ,用来调节继电器对应于一定土壤湿度的动作灵敏度。温度传感器用 δ＝1 的敷铜板制作,尺寸为 60mm×20mm,并沿敷板中心线割去一条 60mm×10mm 的铜片,然后分别在敷铜板两边留下的铜皮的端头焊上两根导线,这样湿度感器就做成了,工作时传感器插入土壤中。

2、自动浇水控制电路

本例为一款自动浇水控制器,其电路如图 5 - 2 所示。

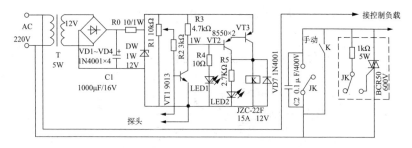

图 5 - 2

工作原理浅析:由图可知,传感器探头是用来测定土壤的导电率,土壤的导电率在土质(即酸碱度)确定了后,主要由土壤的温度决定。土壤越干,导电率越差,反之越好。电路工作时,VT1 的下偏电压实际由两探头插入点之间的土壤电阻决定。当土壤较干燥时,VT1 的下偏电压能大于 0.7V,这时 VT1 饱和导通,于是它的 c 极电位降低,导致 VT2、VT3 构成的复合管饱合导通。继电器 J 得电,常开触点闭合。被控水泵或水雾喷射器(以下简称负载)得电工作。同时红色指示灯 LED2 被点亮,表示正在浇水。当水不断渗入土壤后,湿度增加,电阻减小。探头两端电压下降,当低于 VT1 的截止电压(0.6V)时,VT1 截止→VT2 的 b 极电位→VT2、VT3 截止→J 失电→J 的常开触点断开→浇水停止。同时红灯 LED2 熄灭,绿灯 LED1 点亮,表示土壤不缺水。为了防止因控制器出现故障而影响浇水,还设置了手动开关 K,以确保浇水不受影响。

元器件选用参考:两探头可用 1 号干电池中的碳棒,在两碳棒顶端的金属帽上各焊一根多股铜芯塑料线(长度根据需要而定)。焊点及金属帽要用沥青或石蜡或绝缘胶密封,R1 应选精密密封实芯小型电位器,R2 调好后要换成固定电阻,其他元件无特殊要求,按图标选用即可。

3、自动喷雾器电路

本例为一款自动喷雾器,其电路如图 5-3 所示。

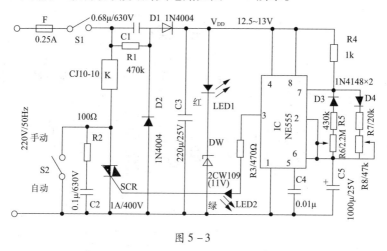

图 5-3

工作原理浅析:电源开关 S1 闭合,市电经电容 C1 降压,D1、D2 半波整流,C3 滤波,DW 和 LED1 串联稳压,输出 12.5～13V 左右的稳定电压供给整个电路工作,LED1 还兼作电源指示。以 NE555 为核心组成了控制电路,在电源接通的瞬时,电容 C5 的正端呈低电平,则 IC 的 3 脚输出高电平,LED2 点亮,SCR 导通,继电器 K 吸合,电动机带动水泵运转,开始喷雾。与此同时,电源经 R4、D4、R7、R8 向 C5 充电,当 C5 上的电压被充到 2/3 VDD 时,电路翻转,则 IC 的 3 脚由高电平跳变到低电平,LED2 熄灭,SCR 截止,继电器 K 释放,电动机断电,喷雾停止。这时 IC 的 7 脚内接放电管导通,7 脚呈低电平,C5 经 D3、R5、R6 放电,当 C5 两端电压降低到 1/3 VDD 时,电路又翻转,③脚输出高电平,喷雾又开始,如此周而复始,循环工作。本电路还具有自动和手动两种操作方式。当把开关拨到手动挡时,控制器将带动水泵电机或电磁阀进行连续工作。开关拨到自动挡时,将按照操作人员所设置的时间,间歇时间为 5～25min,喷雾时间为 15～50s,这样就基本保证了各种环境和条件的要求。改变本控制器充放电时间常数可用于其他需要循环工作的场合。

元器件选用参考:该电路元器件按图标数据选用即可。图中 C5 要尽量选用漏电小的优质电容,以保证时间的准确性。本电路是为功率较大的三相电机而设计,如控制功率较小的单相电机或电磁阀,可省去继电器 K,将可控硅换成适当电流的。

4、循环喷水器电路

本例为一款适合果菜园、花园安装使用的自动控制循环喷水器电路,如图 5 - 4 所示。

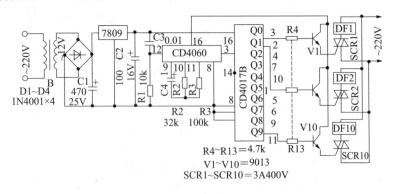

图 5 - 4

工作原理浅析:本电路主要由两部分组成,以 CD4060 组成的 10 分钟定时循环器。在通电的瞬间,由 C3、R1 微分电路产生尖脉冲加到 CD4060 的 12 脚使其清零。由 C4、R2、R3 与 CD4060 内部反相器组成自激多谐振荡器,其振荡频率 $f = 1/2.2R_2C_4 \approx 14\text{Hz}$。3 脚为第 14 级计数器的输出端,从 3 脚输出时间 $t = 213 \times 2.2R_2C_4 \approx 10\text{min}$。此正脉冲加于 CD4017B 的时钟脉冲输入端第 14 脚。以 CD4017B 构成的循环驱动电路。CD4017B 是十进制计数/分频器,它有 10 个输出端。每当 CP 端 14 脚输入一个正脉冲,其输出端的高电平状态就按顺序(Q0 ~ Q9)变化一次。这样每当一定时刻(设定为 10min)正脉冲来到时,CD4017B 计数译码一次,并由 Q0 ~ Q9 步进依次输出高电平,触发 V1 ~ V10 三极管及 SCR1 ~ SCR10 双向可控硅依次导通,从而使电磁阀 DF1 ~ DF10 导通。

于是 10 只喷头依次喷水,形成绵绵细雨覆盖整个果菜园。电路中循环一个周期需 200min。每个间隔时间为 10min,即工作 10min,停止 10min。

元器件选用参考:该电路元器件按图标数据选用即可。

5、鱼缸加氧控制电路

本例介绍的控制器可以在规定时间内,使加氧泵按照间歇循环的方式工作,电路如图 5－5 所示。

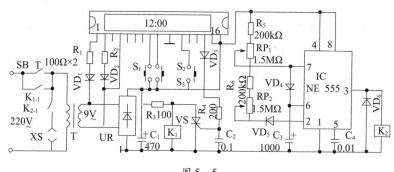

图 5－5

工作原理浅析:该控制器由钟控定时电路、双向定时电路组成。接上电源,按下 SB,市电经变压器 T 降压、UR 整流、C_1 滤波后输出的直流电通过电阻 R_3,使继电器 K_1 得电吸合,常开触点 K_{1-1} 吸合自锁。显示屏四位数及中间两点闪烁时,按下 S_3 报警显示按钮,用小时设置按钮 S_1 和分设置按钮 S_2 设置所需时间。由于电容 C_3 刚充电时,两端的电压为零且不能突变,IC 第 2、6 脚为低电平,第 3 脚呈现高电平,继电器 K_2 得电吸合,常开触点 K_{2-1} 闭合,接在 XS 插座里的加氧泵工作。随着电源向 C_3 充电,其两端的电压逐渐升高,当 C_3 上的电压达到 2/3 电源电压时,IC(555)时基电路翻转。3 脚跳至低电平,继电器 K_2 失电释放,触点 K_{2-1} 恢复常开状态,加氧泵停止工作。又由于 IC 的 3 脚为低电平,故 7 脚也为低电平,VD_4 截止,VD_5 导通,这时电容 C_3 放电。当 C_3 上的电压降至电源电压的 1/3 时,IC 的 2、6 脚再次呈现低电平,3 脚输出高电平,加氧泵再次工作,整个电路又重复上述的工作过程。通过调节该电路的通断比,从而达到间歇循环工作的目的。若设置的时间与实际时间相符,则钟控板报警输出端第 14 脚输出高电平,900Hz 的音频电流通过 VD₃、R₄、C₂ 触发可控硅导通,继电器 K₁ 失电释放,该控制器脱离电源,定时结束。

元器件选用参考:钟控板选用 LTM－8317D1G－12,IC 选用 NE555;VS 选用 MCR100－6 单向可控硅;SB、S₁～S₃ 选用小型按钮开关;K₁～K₂ 选用 4088 继电器;T 选用 3W 优质变压器。

6、鱼缸水温控制电路

本例为一款利用热敏电阻作为传感器,由集成电路控制的鱼缸水温自动控制器,其电路如图 5－6 所示。

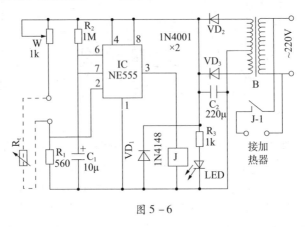

图 5－6

工作原理浅析:时基电路 IC 接成典型的单稳态电路,其暂态时间为 11s。平时,IC 处于稳态,其第 3 脚输出低电平,继电器 J 不动作,加热器也不工作。电路中 Rt 为负温度系数热敏电阻,当水温下降时,其电阻值变大。调节电位器使 $W + R_t = 2R_1$,可将鱼缸水温控制在 27℃ 时,当水温低于 27℃ 时,IC 第 2 脚电平低于 $1/3V_{cc}$,IC 被置位,其第 3 脚输出高电平,加热指示灯 LED 发光,继电器 J 吸合,其常开触点 J－1 闭合并接通加热器电源,开始对鱼缸内的水进行加热。经过 11s 的暂态时间,若水温仍低于 27℃,IC 第 2 脚仍低于 $1/3V_{cc}$,则其第 3 脚仍输出高电平,加热器继续加热;若水温高于 27℃,因 R_t 阻值变小使 $W + R_t < 2R_1$,使得 IC

第 2 脚电平大于 1/3Vcc,经过暂态时间后 IC 复位,其第 3 脚恢复低电平输出,LED 熄灭,继电器 J 释放,加热停止,使鱼缸内水温维持在设定温度范围内。该电路的暂态时间越短,就越能提高温控精度,可根据不同规格的鱼缸设置。调试时先将电位器阻值调到最小值,将测温头 Rt 浸入水中,并在水中放一温度计,待电路处于复位状态时,缓慢倒入热水观察温度计的温升情况,待水温升到预设控制温度(27℃)时,停止加热水,当温度计数值刚要下降时,逐渐调大微调电位器 W 到某一值时,若听到继电器 J 的吸合声,LED 发光指示,则该水温控制器就调好了。

元器件选用参考:该电路元器件按图标数据选用即可。

7、新型电冰箱控制器电路

本例为新型电冰箱控制器电路,是通过改变通断电时间来实现恒温控制的,电路简单实用,理论计算节能效果明显,如图 5 - 7 所示。

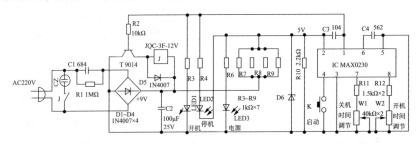

图 5 - 7

工作原理浅析:AC220V 电压经 C1、R1 限流降压,D1 ~ D4 整流,C2滤波,获得 9V 直流电压,供继电器 J 工作。稳压二极管 D6 及电阻 R10组成 5V 稳压电路,给 ICMX0230 供电。分析 IC 应该是一块有双定时功能的集成块,时间常数由 W1 和 W2 调整,通过 1 脚输出一个间断的控制脉冲,控制继电器的通断,从而决定输出插座 CZ 的有电无电,实现电冰箱、电冰柜开机或关机。使用时,将电冰箱插头插入控制器的输出插座CZ,调整 W1、W2 的阻值,可改变电冰箱开机和关机的时间,调整范围 5~20min,可根据电冰箱性能及保存的食品性质决定。例如,普通使用时,开机时间选择 10min,关机时间选择 30min;包好饺子要速冻时,开机时间选择60min,速冻后装进食品袋,就可将开关机时间恢复到普通使用状态了。由于此控制器是按时间切断电冰箱电源的,电冰箱内原温控制器的好坏已失去意义,故只须将温控刻度盘转至数字最大,即"常通"位置即可。

元器件选用参考:该电路元器件无特殊要求,按图标数据选用即可。

8、全自动热水器控制电路

本例为一款全自动热水器,具有自动加水,自动加热,加热到调定温度后自动断电等功能。其电路如图5-8所示。

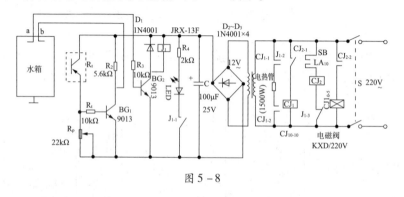

图 5-8

工作原理浅析:由图可知,合上开关S,按下按钮SB,接触器CJ_2吸合,电磁阀得电供水,当水位达到一定高度(达到a、b组成的电阻传感器位置)时,BG_2导通,继电器J_1得电吸合,其常闭点J_{1-3}断开,接触器CJ_2失电,电磁阀关闭;同时J_{1-2}闭合,接触器CJ_1吸合,加热器得电工作;加热时,J_{1-1}闭合,LED亮表示加热器工作。图中R_t是由三极管ce结(实践证明ce结性能比be结要好)组成的热敏电阻,调整R_p可得到不同的水温。当水温达到调定的温度时,BG_1导通,BG_2截止,继电器J_1失电,J_{1-2}断开,接触器CJ_1失电,加热器停止加热;J_{1-1}断开,LED熄灭,表示水也加热完毕。在水箱无水时,BG_2截止,J_1不工作,从而使得CJ_1也不工作,电热管不加热,这样就避免了无水干烧的现象。

元器件选用参考:该电路元器件按图标选用即可,图中a、b可使用较粗的铜线,Rt安置在水箱中,可使用金属壳3AX31三极管,将其装在金属管中,用 AB 胶密封,为绝对保证安全,水箱应接地线,且热水器自动断电后仍要拔掉电源插头才可使用。

9、吸尘器控制电路

本例介绍的吸尘器控制电路采用单片机 PIC16C54 控制,利用按键 SW 进行档位切换,并在档位切换时设置一个软启动过程。在软启动过程中,对应发光二极管以周期为 500ms、占空比为 50% 的方式闪烁三次作提示,LED2 ~ LED4 分别对应于低档、中档和高档。其电路如图 5 - 9 所示。

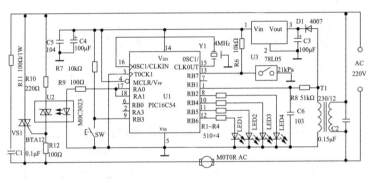

图 5 - 9

工作原理浅析:由图可知,LED1 为电源和气压传感器动作指示。吸尘器长时间工作后,内部尘袋未得到及时清理会使电机负荷增加,此时如果内部真空气压达到或超出 21kPa,气压传感器动作,单片机气压检测端一旦检测到气压传感器动作,则无论电机工作在何种功率状态下都会迅速地返回到低功率状态,发光二极管 LED1 和 LED2 以周期为 1s、占空比为 50% 的方式循环闪烁,提醒用户清理灰尘,从而有效地保护电机。220V 交流电通过变压器 T1 降压后分为两路,一路经 R_8、C_6 接至单片机 RA2 口作交流过零采样,使单片机控制的可控硅能完全和交流市电同步,采用可控硅移相触发方式,高、低压通过光电耦合器进行隔离,使安全性得到提高;另一路经二极管 D_1 接至 78L05 稳压后给单片机供电。

元器件选用参考:该电路元器件无特殊要求,按图标选用即可。

10、水塔抽水自动控制电路

水塔抽水自动控制电路如图 5 – 10 所示。

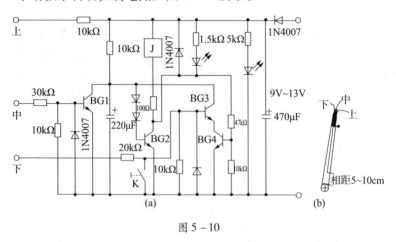

图 5 – 10

工作原理浅析:电路如图(a),该电路全部原件装在一块小的万能印刷板上,注意微动开关和指示灯的位置应置于电路板的边上。将上、中、下三根水位线放入一杯水中,接通电源,取出上水位线,继电器应无反应;再取出中水位线,继电器吸合;再将中水位线放入水中,继电器仍吸合不跳开,直至将上水位线放入水中,继电器释放,说明各元件组装无误。如果将水位线放入水中,继电器吸合,说明电路灵敏度过高,通常是 BG2 的 β 值太高所致,宜换用低 β 值的管子。

由三根水位线完成电路回路,三根水位线电极头的制作如图(b)所示。用一根约 2m 长(由水塔的深度而定)的 PVC 管,找三根合适长度的粗铜芯线,用胶带缠住关外,铜线的端头剥去 5cm 长的塑料,让铜暴露并能与水良好接触,再分别接上网线(注意颜色)后,将 PVC 管插入水塔中并固定。

如果作为家用控制器,只需要触点电流大于 10A 的继电器,将控制开关接上就行了,如果在三相电机上,那么继电器可用普通的间接控制交流接触器控制电机的转停。全部安装完毕后,通电,听继电器是否吸合,如不吸合则说明水塔内有一定深度的水面,此时下水位线与中水位线接通,控制电路使继电器不工作,可按一下微动开关 K,继电器得电工作,观察一段时间后,看是否水满后继电器跳开。如果能正常跳开,说明已无问题了。

元器件选用参考:二极管和电阻值等均标在图中,选用 1/4W 的金属膜电阻,但与继电器串连的 100Ω 的电阻宜用 0.5 ~ 1W 的,电容耐压大于 16V。BG2 的 β 值不能太大,宜选在 60 ~ 90 之间,以免引起误动作。电源部分用一优质 2W 变压器,次级电压在 9 ~ 13V 之间均可,因需长期通电,故变压器的温升不能太高。指示灯宜用红绿两种色。微动开关 K 采用电视机上常用的微动开关。

11、电饭锅烹饪控制电路

电饭锅烹饪控制电路如图 5 – 11 所示。

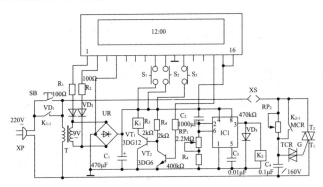

图 5 – 11

工作原理浅析:接上电源,按下 SB 按钮开关,市电经变压器 T 降压、UR 整流及 C_1 滤波后,输出一直流电压。该直流电压使 VT_1 饱和导通,继电器 K_1 吸合,常开触点 K_{1-1} 吸合自锁,钟控显示屏上四位数字和冒号闪烁。此时,就可以在钟表上设置总定时间(全功率烹饪时间与慢火档烹饪时间之和)。首先用一只手按下 S_3 报警显示按钮不放,接着用另一只手按下 S_1 小时设置按钮或分设置按钮 S_2 输入时间,最后再单独按下 S_3 核对所设置的时间。由于电容 C_2 刚充电时,两端的电压为零且不能突变。IC1 第2、6 脚为高电平,第3 脚输出低电平,继电器 K_2 不吸合。常闭触点并联于 RP_2 两端,此时插于 XS 插座的电饭锅处于全功率加热烹饪状态。随着电源电压不断向 C_2 充电,C_2 两端的电压逐渐升高,当 C_2 上的电压达到 2/3Vcc 时,IC1(555)翻转使第3 脚为高电平,继电器 K_2 得电吸合。其常闭触点 K_{2-1} 断开,电饭锅在设定的慢炎状态下烹饪。其慢火档的程度通过调节 RP_2 来达到。当烹饪时间与设置时间相符时,报警输出端第14 脚输出高电平,三极管 VT_2 的基极得到偏置电压而导通,VT_1 截止。继电器 K_1 失电释放,电饭锅与电源断开,烹饪结束。

元器件选用参考:钟控板选用 LTM-8317D1G-12(内有时钟 ICTMS3450NL);IC1 选用 NE555 或 LM555;双向可控硅 MCR 选用 6A/400V(需加散热片);TCR 选用 DB3 或 VR60 双向触发二极管;K_1 选用直流电压为9V、触点电流为5A 的继电器;K_2 选用 4088 继电器;SB,S_1~S_3 采用轻触按钮开关;二极管均为1N4001。其他元器件按图标数值选用即可。

12、电饭煲自动煮饭控制器

本例介绍的控制器,能够定时自动接通电饭煲的电源,电路如图5-12所示。

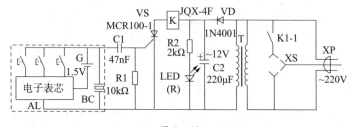

图 5-12

工作原理浅析:该控制器实际上是一个交流定时开关。由图可知,虚线框内为带闹时功能的电子表电路。取自电子表压电蜂鸣片 BC 两端的部分报闹电信号,经电容器 C1 耦合至单向晶闸管 VS 的控制端,直接触发 VS 导通,使继电器 K 得电吸合,其常开触点 K1-1 接通电饭煲电源,即实现电饭煲无人操作定时自动通电煮饭。电路中,220V交流市电经变压器 T 降压、二极管 VD 半波整流和电容器 C2 滤波后,向控制电路提供约 12V 直流稳定工作电压。

元器件选用参考:VS 选用 MCR100 – 1 型小型塑封单向晶闸管,VD 用 1N4001 型硅整流二极管。LED 可用 φ5mm 普通红色发光二极管。R1、R2 均用 RTX – 1/4W 型碳膜电阻器。C1 用 CT1 型瓷介电容器,C2 用 CD11 – 25V 型电解电容器。K 用 JQX – 4F 型中功率电磁继电器,宜选工作电压 12V,触点形式为 4H 型(将 4 组常开触点全部并联),T 用 220V/12V、3W 小型成品电源变压器,XP 用交流电三脚插头,XS 为机装(或壁式)交流电三孔插座。电子表选用具有报闹时间,但不带整点报时功能。其他元器件按图标选用即可。

13、电饭煲自动控制附加电路

电饭煲自动煮饭功能控制器电路如图 5 – 13 所示。

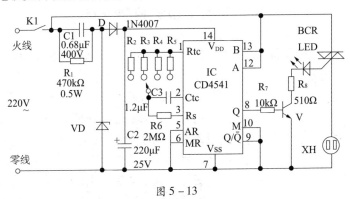

图 5 – 13

工作原理浅析:由图可知,220V 市交流电经 C1 降压限流、D 半波整流、VD 稳压、C2 滤波获得稳定的 12V 直流电压,供控制器使用。IC 是一片 CMOS 可编程专用定时集成电路。当其外接定时元件 Rtc、Ctc 数值确定之后,即决定了 IC 的定时时间。AR 是自动复位端,当 AR 接低电平时,IC 电路在接通电源时会自动复位。Q 是输出端。Q/$\overline{Q}$ 是输出选择端,用来选择 Q 端在复位后电平的高低,这里选择 Q 端复位后低电平。

M 是单定时/循环输出方式选择端,这里选择单定时输出方式即当定时时间到,Q 端电平跳变后一直保持不变,直至下一次复位信号的到来。使用时,先将定时选择开关 K2 拨至欲定时时间上,再将电源开关 K1 合上,IC 电路立即接通 12V 工作电压,且自动复位,Q 端输出低电平,晶体管 V、双向可控硅 BCR 均截止,电源插座 XH 中电板煲电源切断,电饭煲不工作(电饭煲上电源按键已按下)。同时 IC 电路定时开始,待定时间一到,Q 端输出高电平,V、BCR 相继导通,XH 中电板煲得电工作,饭煮熟后自动进入保温状态。同时发光二极管 LED 发光做工作指示。

元器件选用参考:IC 选用 CD4541。V 选用 9013NPN 型硅三极管,$\beta > 100$。BCR 选用 3A/400V 双向可控硅 TLC226,需加散热片。C1 选用 CBB - 400V 型聚丙烯电容器。C3 选用涤纶电容。K1 选用 DS460 小型按键无关,K2 选用波段开关。LED 选用 ϕ5mm 红色二极管。XH 选用 220V10A 三眼暗平板插座。当 R2 取 280kΩ、320kΩ、360kΩ、400kΩ 时,定时时间分别为 7h、8h、9h、10h。

14、定时电饭煲控制电路

本例为一款将普通型电饭煲改为多功能定时电饭煲,其电路如图 5 - 14 所示。

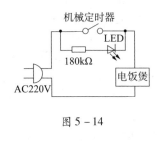

图 5 - 14

工作原理浅析:该电路十分简单,即利用定时器原理控制电饭煲。为不破坏原电饭煲的外观和便于安装定时器(机械定时器),特做了一个略大于原电饭煲的木箱,把电饭煲放在木箱里面,在木箱内空隙部分填充石棉保温材料,并在箱体靠近电饭煲指示灯和按键一面锯一长方形小孔,以便于观察指示灯和操作按键。在指示灯上方箱体上安装定时器和指示灯。这样,即节能又方便使用的多功能定时电饭煲就改装成功了。

元器件选用参考:该电路元器件无特殊要求,按图标数据选用即可。

15、宽带共享电源控制器电路

宽带共享电源控制电路如图 5 – 15 所示。

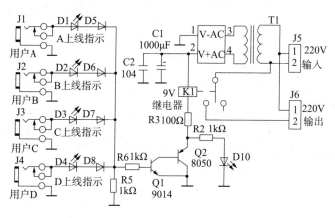

图 5 – 15

工作原理浅析:该控制器从电脑的 USB 取电,将 USB 数据线一端插入电脑的 USB 接口,另一端则剪断取出红线(+)、黑线(–)接一 DC(直流)电源插头后,插入 J1 至 J4 的任一接口,其他用户依样接入。如距离稍远,则可以利用网线的空闲线,小心剥开网线,通过水晶插头也可以清楚看到网线的排列和颜色。这里选用第 7 条和第 8 条。

当任一台电脑启动后,USB 的 5V 电压就会点亮相应的"上线指示灯",并通过 R6 降压后约有 0.9V 送到 Q1 基极,Q1、Q2 导通,电源指示灯 D10 熄灭,K1 吸合,J6 输出 220V,路由器得电工作。同理,所有用户关闭电脑后,上线指示灯全部熄灭,Q1、Q2 截止,D10 点亮,继电器释放,即可自动切断路由器的电源,再也不用担心忘记关闭路由器电源。

元器件选用参考:元件按图中所示选择,T1 选用 3W/6V 即可。

16、宽带上网电源插座控制电路

宽带上网电源插座控制电路如图 5 – 16 所示。

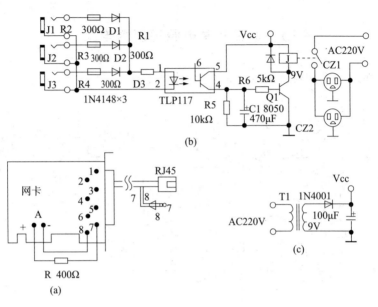

图 5－16

工作原理浅析：本文介绍一种用于宽带上网的自动电源插座，（本文以三台电脑上网为例）只要将路由器及 ADSL Modem 的电源插到该插座上，就可实现任何一台电脑开机时都会自动开通上网设备电源，所有电脑关机后自动关闭上网设备电源，实现上网电源自动控制。

电路说明：对网卡及网线的改造如图（a），一般在网卡（所示 A）的位置上有一电解电容，此电容为电源滤波电容，从电容两端引出网卡的+5V电源，经限流电阻接 RJ45 插座的 7、8 脚上（有的网卡 7、8 两脚是连在一起的，需用小刀将连接两脚间的铜箔割断），通过网线传输，在另一端引出接上 φ3.5mm 插头。控制电路如图（b），多路来自网卡的电源信号经二极管加在光电耦脚，经光耦隔离，三极管驱动9V继电器，从而接通路由器及 ADSL Modem 电源，其中 C1 为防止继电器受干扰抖动而加的防抖延时电容。电源电路如图（c）所示，将控制电路焊在一块小电路板上，再装进一个小盒中，信号输入插座装在小盒侧面，电源插座从侧面引出即可。

元器件选用参考：该电路元器件无特殊要求，按图标选用即可。

17、奶液恒温控制器

本例为一款奶液恒温控制器,其电路如图 5－17 所示。

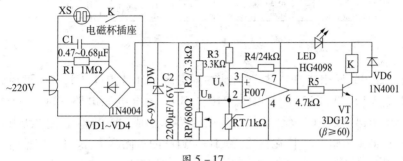

图 5－17

工作原理浅析:C1、C2、VD1 ~ VD4、DW 组成简易电容降压稳压电源,由集成运放 F007、R2 ~ R4、RP、RT 组成温度检测部分;VT 及 J 组成控制部分,由 K 的常开触点 JK 控制电热杯工作。假定电热杯水温低于 RP 设定的温度,由于负温度系数热敏电阻 RT 紧靠电热杯壁,使 RT < RP,则 $U_A < U_B$,F007 输出高电平,VT 导通,K 吸合,电热杯通电加温,直至水温上升,RT 下降,使 $U_A < U_B$ 时,加温停止,使电热杯水温基本恒定在 RP 设定的温度上,电热杯里的奶瓶(奶液)温度也就恒定了。

元器件选用参考:C1 选用耐压大于 400V,0.47 ~ 0.68μF 涤纶电容,集成块可选用 5G24、F007 等,K 用 HG4098 型 9V 继电器,电热杯宜用 300W 的,其他元器件按图标选用即可。

18、家用蔬菜贮藏温度器

本例为一款家用蔬菜贮藏室温度控制器,在环境温度低于 0℃ 时,该自动稳温装置能使贮藏柜中的温度保持在 4 ~ 6℃ 范围,其电路如图 5－18所示。

工作原理浅析:由图可知,该温稳器由主振荡器 DD1.1、C1、R1、R2 和 VD1,单稳多谐振荡器 R3、VD2、VT1、C2、R4、DD1.2、R7、R8,温度传感

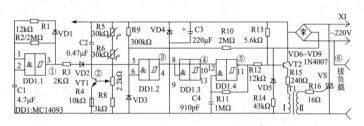

图 5－18

器 R5、R6,反相器 DD1.3、选通脉冲振荡器 DD1.4、R11、C4,双向可控硅
电路 VT2、T1、R12、R13、R15、R16、VS1 及供电电源电路 VD6～VD9、
VD5、R14、VD4、C3 等组成。由稳压管 VD4 构成的参数稳压器的特点在
于其平衡电阻 R14 接在整流桥 VD6～VD9 的负回路中,这可以使整流后
的电压相对电源负端形成同步正脉冲。接通电源电压,电容器 C2 经
VT1、R4 和 C3 开始充电。同时,施密特触发器 DD1.1 开始产生窄脉冲,
脉冲宽度取决于时间常数 C1、R1,重复周期取决于时间常数 C1、R2,周
期大约为 5s。随着 DD1.1 输出端出现高电平信号,在时间 t 内电容器
C2 经 R2、VD2 放电,工作于电子开关状态的触发器 DD1.2 导通,经它产
生频率 100Hz 的正极性脉冲,脉冲宽度与电源电压接近于零的时间相一
致。串联连接的热敏电阻 R5、R6 控制晶体管 VT1 的电流,随着贮藏室
中温度的降低,热敏电阻的总阻值增加,VT1 的电流和电容器 C2 的充电
时间相应减少,因此时间 t1 增加,VT1 集电极电压在此时间内下降到触
发器 DD1.2 的截止电压,触发器 DD1.2 输出端 4 的脉冲数也相应增加。
当温度升高时,情况与上述相反,通过触发器的脉冲数减小。这些脉冲
经反相器 DD1.3 加至选通振荡器 DD1.4 的输入端,在每一个脉冲中产
生频率约等于 10kHz 的脉冲束。负极性的脉冲束由晶体管 VT2 进行电
流放大,经脉冲变压器 T1 使双向可控硅导通,将负载与电源接通。由于
双向可控硅是用脉冲控制,而不是直流控制,因此温稳器消耗的功率很
低,二极管 VD3 用于限制从分压器 R9、R10 加在触发器 DD1.2 输入端 6
的脉冲电压。

元器件选用参考:脉冲变压器 T1 用 MX10×6×4—2000 的磁环绕
制,初、次级线圈用线径 0.1mm 的漆包线各绕 150 匝。其他元器件按图

标选用即可。

19、光控自动窗帘控制器

光控自动窗帘,利用光照实现窗帘的自动开合,电路如图 5 – 19 所示。

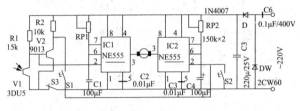

图 5 – 19

工作原理浅析:由图可知,IC1、IC2 是 555 时基电路,均接成单稳态电路,控制电机 M 的正/反转。220V 交流电经 C6 降压、D 整流、DW 稳压并经 C5 滤波后得约 12V 直流电压供控制电路使用。清晨光照使光敏三极管 V1 呈低阻,IC1 电路 2 脚得下降沿,触发单稳电路使 3 脚输出高电平,驱动电机 M 正转,将窗帘拉开。而晶体管 V2 截止,集电极高电位使 IC2 电路不能被触发。电机转动一段时间后,IC1 的 3 脚恢复为低电平,电机停止转动。傍晚光照暗淡时,V1 呈高阻,IC1 不能被触发,而 V2 导通,集电极电压下跳为低电平,触发 IC2 翻转,脚 3 输出高电平,驱动电机反转,将窗帘拉合。待 IC2 暂态时间结束时脚 3 转为低电平,电机停止转动。S1、S2 为手动开关,手控时断开 S3,按下 S1 使 IC1 触发翻转,电机 M 正转将窗帘拉开,按下 S2 使 IC2 触发翻转,电机 M 反转将窗帘拉合。

元器件选用参考:IC1、IC2 选用 NE555,M 选用工作电压 12V、最大工作电流小于 200mA 的微型直流电动机。V1 选用 3DU5,V2 选用 9013,要求 $\beta > 90$。S1、S2 选用 CS – 316 小型按钮开关,S3 选用可锁定的 DS460 型按钮开关。其他元器件按图标选用即可。

20、电动窗帘控制电路(一)

本例为电动窗帘控制电路,可自动将窗帘开、合,如图5-20所示。

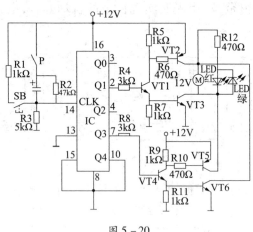

图 5 - 20

工作原理浅析:电路通电后,IC 高电平置于 Q0 端,Q1～Q3 端均为低电平,此时电机停转;当按一下 SB 后,IC 的 CLK 端得到一个触发脉冲,使 IC 高电平跳至 Q1 端,于是三极管 VT1～VT3 均导通,电机获得工作电压而正转,并牵引窗帘徐徐拉开,同时指示灯 LED 显示红色;当电机牵引窗帘拉至终点时,触点 P 随窗帘一起移动而闭合,于是电源向电容 C 充电,并在 IC 的 CLK 端产生一触发脉冲,IC 高电平又跳至 Q2 端,从而使三极管 VT1～VT3 由导通转为截止,电相停转,此时窗帘为拉开状态,当再按一下按钮 AN 后,IC 高电平跳至 Q3 端,三极管 VT4～VT6 均导通,电机获得反极性工作电压使其反转,并牵引窗帘徐徐拉合,在拉合过程中触点 P 随窗帘一起移动,在此过程中已充电的电容 C 经 R2 放电,为下次充电作准备,在电机反转的同时指示灯显示绿色;当电机牵引窗帘拉合至终点时,触点 P 又接触而闭合,将 C 的充电脉冲加至 IC 的 CLK 端,使 IC 又计数一次,其高电平又置于 Q0 端,使电机停转为止。该电路中窗帘的自动开、合是通过与窗帘连动的滑动触点 P 控制的,每当按一下 AN 后,窗帘便自动拉开或拉合,直至窗帘到达终点才将电机停转,因此在设置窗帘控制器的触点 P 时,应使窗帘到位后才将触点 P 闭合,触点的设置可根据窗帘具体情况而定。

元器件选用参考:IC 为十进制计数器 CD4017,SB 为小型按钮开关,VT1、VT4 选用 C9014,VT2、VT5 选用 C9012。VT3、VT6 选用 C9013,电机选用 12V 直流电机,LED 选用变色发光二极管。电源为 12V 稳压电源,其他元件规格无特殊要求,按图标选用即可。

21、电动窗帘控制电路(二)

本例为两款电动窗帘控制电路,如图 5 – 21 所示。

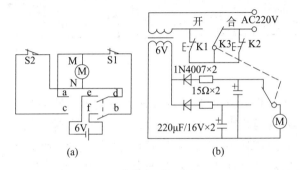

图 5 – 21

工作原理浅析:图 5 – 21(a)为第一款电路,该电路仅用了两只限位开关 S1、S2,一只玩具电动机 D,一只双刀双掷开关和一组 6V 干电池。工作过程中将双刀双掷开关扳至 d、b,电动机 D 正常,传动绳带着帘布、撞击压块向某方向移动,当撞击压块触及限位开关 K1 时,电路断开,停止工作。当将双刀双掷开关扳至 a、c 时,电动机 D 反转,窗帘向反方向移动,当撞击压块触击到限位开关 K2 时,电路断开,停止工作。第二款电路如图 5 – 21(b)所示,采用交流供电,电路更简单。工作过程:微动开关 K1、K2 仅需要一对常闭点,用于控制窗帘开、合的开关 K3 是 2×2 的钮子开关。图 5 – 21(b)所示为窗帘处于合上后的停止状态。因采用半波整流,直流电压输出低于 6V,但市售玩具电机大多数只要 3V 电压就能正常转运,故不会影响使用。

元器件选用参考:该电路元器件按图标选用即可。

22、红外线遥控电动窗帘电路

本例为红外线遥控电动窗帘电路,采用 TDA2822M 集成电路驱动电机。如图 5-22 所示。

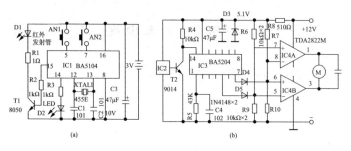

图 5-22

工作原理浅析:图(a)是红外线遥控发射器电路原理图,电路使用IC1(BA5104)编码芯片,工作原理较简单,此处不赘述。图(b)是红外线接收、驱动电路,IC3(BA5204)是与 IC1 配套使用的 8 路红外线遥控译码集成电路,仅利用了其中的 2 路非保持输出。BA5104 的 1、2 脚和BA5204R 的 11、12 脚是用户码选择端,其状态应一致,(可悬空或接地)方能正常工作。电路工作时,按下 AN1 后,D1 发射出编码后的红外线,IC2 将接收到红外线信号放大、反相后送到 IC3 解码,使 IC3 的 5 脚输出高电平至 TDA2822M 的 5、7 脚,使 5、7 脚的电位高于 6、8 脚电位,IC4 输出端 1 脚为高电平,3 脚为低电平,驱动电机 M 旋转。设此时电机转向为正转,那么不难分析按下 AN2 后,IC3 的 7 脚输出高电平时电机 M 将反转。在静态时,IC4 的 4 个输入端电位基本相等,而且由于功放的开环增益不像小功率运算放大器那样高,因此不用担心,静态时 IC4 输入端电位的微小差别,造成功放电路有输出电压的问题。实测也证明了这一点;静态时流过电机 M 的电流仅 1mA。电路中由于 TDA2822M 工作于开关状态且内部具备完善的保护电路,再加上遥控窗帘不是连续工作,所以转动电机不会发热。

元器件选用参考:电机 M 应选取工作电压为 DC12V 的,输出转速约 150rpm 的微型减速电机,IC4 选用集成电路 TDA2822M 型,其他元器件按图标数据选用即可,无特殊要求。

23、电风扇自然风控制电路

本例为一款电风扇自然风电源控制插座,其电路如图 5-23 所示。

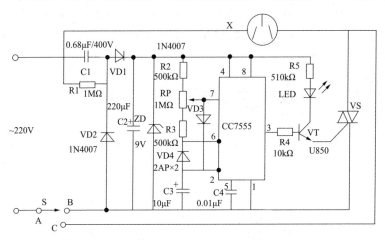

图 5-23

工作原理浅析:CC7555 电路与外围元件组成占空比可调的方波脉冲振荡器,利用 V3、V4 将电容 C3 的充放电回路分开,再调节电位器 Rp 就能改变脉冲振荡器的占空比。使用时,将电风扇的电源插头插入插座 X 中,S 为功能选择开关,"S"置于 A→B 位置时,为自然风功能。此时,220V 交流电源经 C1 降压,V1、V2 整流,C2 滤波,CW 稳压,得到 9V 直流电供给 CC7555 电路工作电源,CC7555 电路开始振荡,由 3 脚输出方波脉冲,当 3 脚输出高电平时,三极管 VT 导通,双向可控硅 BCR 的控制板得到触发电压而导通,接通插座(X)的交流电源,电风扇得电运转,同时发光二极管 LED 发出红光指示,插座 X 得到 220V 交流电源。当 CC7555 电路的 3 脚由高电平变为低电平时,三极管 VT 截止,双向可控硅 BCR 控制极失去触发电压而截止,切断 X 插座的交流电源,电风扇停

197

止运转。即电风扇一会儿旋转,一会儿停止,间歇性运行,从而实现模拟自然风。调节 RP 可改变电风扇间歇运行的时间,当 RP 在最上端位置时,在一个脉冲周期内,电风扇的运转时间最短,停止时间最长。当 RP 在最下端位置时,电风扇运转时间最长,停止时间最短,以满足人们的实际需要。如果不需要自然风,只需要正常风时,只要将"S"拨至 A、C 位置即可,直接接通插座 X 的交流电源,X 插座跟普通电源插座功能一样。

元器件选用参考:C1 为 0.68μF/400V 金属膜电容,VT 采用 U850 中功率达林顿三极管,BCR 采用 BCR3A/600V 双向可控硅,X 插座为单相电源插座,LED 为 φ3mm 红色发光二极管开关,S 采用钮子开关。其他元件如图标所示。

24、手电筒遥控关机电路

本例为关机电路,能利用手电筒作遥控器,实现遥控关机,如图 5-24所示。

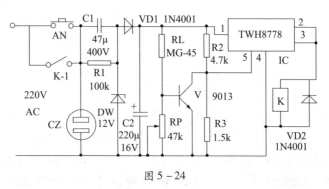

图 5-24

工作原理浅析:将用电器的插头插入本电路的 CZ 插座中,并打开用电器的电源开关,需要使用电器工作时,可以按下按钮开关 AN,在自然光或光照强度弱的情况下,光敏电阻的阻值较高,三极管因基极电位低而截止,由 R2 和 R3 构成的分压电路使 IC(TWH8778)的 5 脚电压高于 1.6V 而使 IC 导通,继电器的常开触点 K-1 闭合,用电器开始工作,这时再松开 AN,由于该电路的自锁作用,电路保持对外正常供电。如果要使用中的电器停止工作,只要用手电筒的会聚强光照一下光敏电阻

RL 的感光面,使三极管 V 导通,IC 的 5 脚电压低于 1.6V 而截止,继电器 K 因失电而释放,K-1 断开,使用电器断电而停止工作。该电路在使用中一旦遇到电网中突然停电的现象,继电器 K 便会由于失电而释放,到再来电时,如不按 AN 则用电器就不会再接着工作,对用电器有保护作用。

元器件选用参考:电路元器件按图标选用即可。

25、家用电器光控关机电路

本例为一款利用大功率开关集成电路 TWH8778 构成的光控关机电路,如图 5-25 所示。

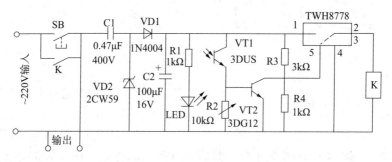

图 5-25

工作原理浅析:由图可知,按下 SB 后电路接通电源,220V 交流电压经电容 C1 降压、二极管 VD1 整流、VD2 稳压、C2 滤波后提供 12V 电压。无光照时,光电管 VT1 内阻很大,三极管 VT2 因基极无偏压而截止,电阻 R3、R4 分压使 TWH8778 的 5 脚处于高电位状态,TWH8778 导通,继电器 J 吸合并自锁了开关按钮 SB,发光二极管 VD3 发光指示,表明 220V 交流电压输出正常。当 VT1 受到光照时,VT1 内阻变小,VT2 导通并饱和,TWH8778 的 5 脚由高电位转为低电位,TWH8778 截止,继电器 K 释放,实现关机功能,电路本身的电源也同时被切断。

元器件选用参考:C1 选用 0.47μF/400V 金属化纸介电容器,VD1 选用 1N4004,VD2 选用 2CW59 稳压值 12V 的硅稳压管,VT1 选用 3DU5 型光电三极管,VT2 选用 3DG12,其 $\beta \geq 60$,集成电路选用 TWH8778,继电器 K 选用 JRX – 13F 型,其直流电阻为 700Ω、触点电流容量 3A,两组触点可以并联使用,其余元器件均按图标选用即可。

26、排气扇自动控制电路(一)

本例介绍的电路适合于卫生间排气扇控制等使用,如图 5 – 26 所示。

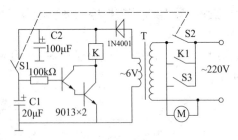

图 5 – 26

工作原理浅析:S1、S2 为安装在门框上的开关,平时开着的时间它们是断开的,电路不工作。如有人进入卫生间并关上门时,S1、S2 同时被压合,排气扇 M 通电工作。同时变压器(T)的次级直流电压经 S1 对 C1 快速充电,瞬间即充至电源电压。复合管也经 100kΩ 电阻获得基极电流而导通,继电器 K 吸合。开门走出卫生间时,S1、S2 弹开,排气扇由 K 的自保接点 K – 1 通电继续工作。同时 S1 切断了复合管的基极电源,但 C1 上的电压通过 100kΩ 电阻,使复合管形成放电回路而维持复合管导通,使 K 保持吸合状态。直至 C1 上的电压不足以使复合管导通时,K 便释放,从而使排气扇延时一段时间后停止工作,这样更有利于把卫生间内的污气排尽。延时时间的长短由 C1 的数值来决定,C1 大时延时长,C1 小时延时短。S3 为手动开关。

元器件选用参考:S1、S2 选无自锁常开开关,安装在门框上。要注意S2 上带有市电,必须绝缘良好并安装在人手触摸不到的高度。K 用 6 ~ 9V 的继电器,变压器用 3W 的就行。

27、排气扇自动控制电路(二)

本例介绍的电路能感知燃气热水器火焰温度自动开启排气扇,如图 5 – 27所示。

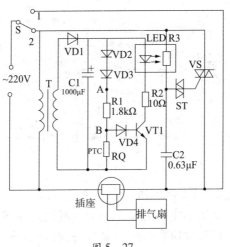

图 5 – 27

工作原理浅析:开关 K 切至"1"点时,可手动开启排气扇;切至"2"点时,排气扇处于启动工作状态。220V 交流电经变压器 B 降压、二极管 D1 半波整流、电容器 C1 滤波后,得电源电压 $V_{cc} \approx 3V$。二极管 D2、D3 起稳压作用,压降为1.4V,那么 $U_A = 1.6V$。电阻 R1 与热敏电阻 RQ 串联,则 $U_B = 1.6R/(R1 + RQ)$,RQ 采用正温度系数热敏电阻。平时 $U_B < 1.4V$,二极管 D4、三极管 BG1 截止,LED 与光敏电阻 R3 组成的光电耦合器不工作。此时双向可控硅 BCR 截止,排气扇电机不转。

当打开热水器时,热水器排气口温度明显升高,热敏电阻 R 装在排气口上方,由于热传递,R 温度升高,阻值增大,U_B 升高,当 U_B 大于1.4V 时,三极管 BG1 导通,光电耦合器工作,从而触发双向可控硅 BCR,自动启动排气扇。

元器件选用参考:R 在 25℃时阻值约为 800Ω。ST 为双向触发二极管,转折电压20V 左右。BCR 采用400V、3A 双向可控硅,可不装散热片。光电耦合器可直接选用成品。

28、有线广播自动开机控制电路

有线广播自动开机控制器电路如图 5 – 28 所示。

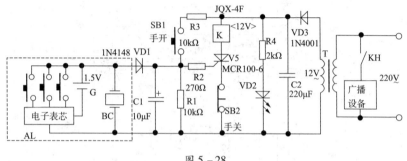

图 5 – 28

　　工作原理浅析:该电路实质上是一个定时准确的电源开关,它每天清晨(或其他时间)可按电子表调定的响闹时间自动接通广播设备的电源。虚线框内为带闹时功能的电子表电路,取自电子表压电蜂鸣片 BC 两端的部分报闹电信号,经二极管 VD1 隔离、电容 C1 滤波和电阻 R2 限流后,触发单向可控硅 VS 导通,使继电器 K 得电吸合,其常开触 KH 接通有线广播设备的总电源,有线广播即按预先调定的节目自动播放。按动按钮开关 SB2,则 K 断电释放,广播停止播音。SB1 为手动开机按钮开关,主要用于中午、傍晚等时间播送节目时的人工开机。

　　元器件选用参考:VS 选用 MCR100 – 6 小型塑封单向可控硅,VD1 选用 1N4148 型硅开关二极管,VD2 用 φ5mm 红色发光二极管,VD3 用 1N4001 型硅整流二极管,R1 ~ R4 均用 RTX – 1/8W 型碳膜电阻器。C1、C2 用 CD11 –16V 型电解电容器。SB1 选用 6mm ×6mm 微动轻触开关;SB2 用小型自复位常闭按钮开关,K 用 JQX – 4F 型电磁继电器,T 用 220V/12V、3W 小型成品电源变压器,电子表选用具有报闹时间的,要求不带整点报时或具有整点报时"取消"功能。

29、音响无信号自动关机电路

音响自动关机电路如图 5 – 29 所示。

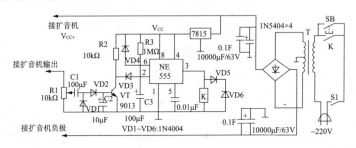

图 5 – 29

工作原理浅析:由图可知,该电路由电子开关 VD1、VD2、VT、延时电路(555 定时器)和控制部位(K、VD6)组成。当合上开关 S1,按下按钮 SB 时,电路被瞬间接通。由于 C3 上的电压为零且不能突变,故 555 定时器的 2、6 脚等于接地,使 3 脚输出高电平,使继电器 K 动作,触点吸合,电源被接通。松开 SB 后对电路无影响。当有信号输入时,V 饱和,VD3 负端为低电位并导通,使 555 的 2 脚钳位在 1V 左右,小于 1/3Vcc,3 脚输出不变,继电器 S 始终吸合,电路正常工作;当无信号输入时,V 截止,VD3 负端出现高电位,VD3 截止,Vcc 通过 R3 向 C3 充电,当 C3 上的电压充到 2/3Vcc 时,555 内部的比较器翻转,使 3 脚输出低电平,继电器 K 释放,电源被切断,从而实现了无信号自动关机。

元器件选用参考:集成块选用 NE555,继电器选用 JRX – 13F 型,额定直流电压为 12V,直流电阻 300Ω。电源取用扩音机的正电源,如原机电压过高可采用一块 7815 稳压块降压后用。R1 为可调电阻,可根据扩音机输出功率的大小适当调整,SB 可以用小型微动开关,其他元器件无特殊要求,按图标选用即可。

30、收录音机自动断电电路

本例介绍的电路能在收录机声音信号停止达 2min 后自动切断电

源,如图 5 - 30 所示。

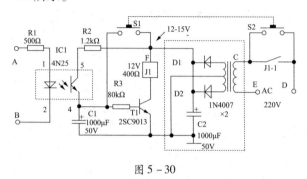

图 5 - 30

工作原理浅析:由图可知,A、B 分别接 VU 表中第一只发光二极管的正极和负极。当 S1、S2 接通瞬间,T1 很快导通,继电器 J1 吸合,J1 - 1 闭合,继续对电源变压器供电。若收录机有信号出现,VU 表中的第一只发光二极管发光,同时有电流流过 4N25 的 1 脚和 2 脚,使得 IC1 的 5 脚和 4 脚间的电阻值变小,电源向 C1 充电,维持 T1 导通。当声音信号停止后,IC1 的 5 脚和 4 脚间的电阻变大,不再对 C1 充电,C1 通过 R3 和 T1 的发射结放电,电容的放电过程提供延时功能,约 2min 后继电器自动释放,电源被切断,改变 C1 的容量可改变延时时间。

元器件选用参考:J1 的型号是 JZC - 22F,其他元器件按图标选用即可。

31、校园广播站自动播音控制电路

自动播音系统电路如图 5 - 31 所示。

工作原理浅析:由图可知,将电子钟闹铃开关 S1 接入继电器 K 与 12V 电源" + "极之间。拆开录音机,把"自动停机开关"上的两条线拆除 (把拆下的两个线头焊接在一起)。S2 的一端接 K,另一端接 12V 电源的" - "极。扩音机 50W 和录音机的电源由 K 的一组常开触点 K 供给。变压器 T 为一只 220V/5W,次级输出交流 9V 的电源变压器,通过 VD1 ~ VD4 整流、C 滤波后提供 12V 的电源供给系统。头一天晚上,把磁带插入录音机内,按下"放音"键(使 S2 闭合),把讯号线插入扩音机对应的插

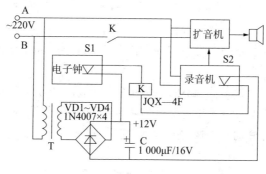

图 5-31

孔内。合上扩音机电源开关,将音量旋钮开到适中的位置上。把电子钟的闹铃指针拨至 6:00 整,A、B 接入 220V 电源。此时系统处于待机状态。次日凌晨 6:00 闹铃开关 S1 闭合向 K 供电,使 K 的常开触点 K 闭合,接通录音机、扩音机电源,系统开始播音。播音半小时后,磁带走到尽头,放音键被弹起,S2 被切断,12V 电源停止供电,K 释放,触点 K 分离切断总电源,扩音机、录音机停止工作。

元器件选用参考:该电路元器件很少,按图标选用即可。

32、抽油烟机控制电路

抽油烟机控制电路如图 5-32 所示。

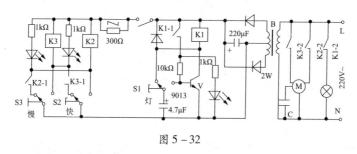

图 5-32

工作原理浅析:该电路主要由轻触开关、继电器及相关阻容元件和三极管组成。由图可知,电机的快、慢、停由两只继电器 K2、K3 和单刀双掷轻触开关 S2、S3 组成的交叉控制互锁开关控制;而照明灯的开/关控

205

制由三极管 V、继电器 K1 和轻触开关 S1 组成的双稳态电路承担。通过 4.7μF 电容的充放电对三极管的导通进行控制,导通后继电器 K1 – 1 触点自锁。由于电路中元件较少,工作可靠,而且省电(工作时约 0.7W),关机后不耗电。

元器件选用参考:电路中所用的 3 只继电器型号均为 JQC – 3FO,规格为 7A/220VAC,轻触开关型号均为 KJ – 123,规格为 0.25A/28VDC,4 只发光二极管分别作为快、慢、停、灯指示,规格为 5mm,红色。

33、电池充放电控制电路

本例介绍电池充放电自动控制电路,它是在按动放电按钮后,电池放电,至 11.0V 时,自动切断放电回路,同时充电机自动对电池充电,充电至 14.5V,自动切断充电回路,这样就完成一次充放电自动控制过程。平时充电只须接上电池,合上充电开关后,充电机在对电池充电至 14.5V 时,也能自动切断电源。这样充放电就只要一按或一合相应的开关就可以了,如图 5 – 33 所示。

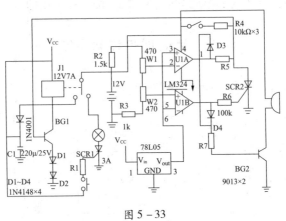

图 5 – 33

工作原理浅析:由图可知,当按下放电按钮后,可控硅 SCR 触发导通,电池通过继电器 J1 的常闭触点、12V40W 灯泡、SCR 放电,随着电池电压不断下降,当降至 11.0V 时,U1A 输出变为高电平,BG1 的 C、E 极导通,继电器得电常开触点闭合,放电电路关闭,充电机通过继电器常开触点对电池充电,当电压升到 14.5V 时,U1B 输出变为高电平,SCR2 导通,BG1 截止,继电器断电,充电电源停止对电池充电,由于这时 SCR1 已处于截止的状态,且控制极又无触发电压,所以放电回路处于断开状态,不会因为常闭触点重新闭合而导致电池再一次放电。平时充电只要合上充电开关 K1,继电器吸合,充电机对电池充电,并且在电池电压升至 14.5V 时,也能自动关闭充电电源。当放电充电电压到临界电压时,BG2 都能导通,使蜂鸣器发出声音提醒。D1、D2 是为了提高 BG1 基极的电压阀值,78L05 为 LM324 提供基准电压,图上标示有数字 1 和 2 的焊盘为电池 −、+ 接线点,3、4 为灯泡接线点,5 为充电开关接线点,6、7 为放电开关接线点,8 为充电机正极接线点。

元器件选用参考:J1 选择 12V/7A,SCR1 的选择依灯泡功率而定,W1、W2 选择微型电位器,其他元器件按图标选用即可。

34、无载自动断电器电路

无载自动断电器如图 5 − 34 所示。

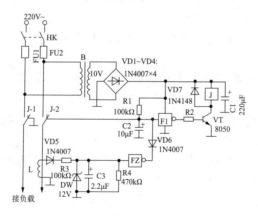

图 5 − 34

工作原理浅析:该电路主要由电源变压器、熔断器、继电器及三极管和阻容元件组成。图中 F1、F2 是两个非门,L 为电流互感器。220V 市电经电源变压器 B 降压、VD1 ~ VD4 整流、C1 滤波得到 12V 工作电源。当负载端呈断开状态时，L次级无感应电势，F2输入低电平，输出高电平，VD6截止。F1输入端经R1接高电平，输出低电平，VT截止，继电器J释放，J-1、J-2置常闭位置，负载与市电断开，只流过经R1且经隔离的高内阻安全低压直流电流。负载接通时(例如开一盏灯)，C2立即经负载放电，F1输入端电位降低，输出高电平，VT导通，J吸合。J-1、J-2置常开位置，市电与负载接通供电，线路中立即产生电流，L次级产生感应电势，此电势经VD5整流、R3降压、DW稳压、C3平滑后加到F2输入端，F2输出低电平，经VD6将F1输入端钳位于低电平，VT保持导通，J保持吸合，负载正常工作。负载全部断开后，L中无感应电压，C2由12V电源经R1短时充电呈高电平，电路维持断电状态。

元器件选用参考：L用普通穿芯式电流互感器；B宜用优质电源变压器，次级10~12V，容量3VA即可；F1、F2可用CD4069中两个非门，余下四个非门输入端接正电源。J可根据家电容量选用，如JQX-4F/12V等。

35、八通道红外遥控器电路

本例介绍的八通道红外遥控电路适合在车模、航模中使用，如图5-35所示。

工作原理浅析：编码发射电路如图(a)所示，时基集成块555与R_2、R_3及C_1组成一多谐振荡器，电路振荡与否取决于A点的电平高低。A点处于高电平时，电路停止振荡，反之起振。IC_2为一八进制计数/脉冲分配器CD4022，其中K_1~K_8为编程选择开关。操作K_1~K_8，按下任一键(以K_8为例)，A点呈低电平，555组成的振荡电路起振，此时振荡器输出的第一个脉冲经D_2以及C_3、R_4微分后，加至IC_2的复位端(CR)，IC_2清零，Y_0端呈高电平。从第二个脉冲开始，每个脉冲的下降沿依次触发INH端，使IC_2的Y_1~Y_7端依次呈高电平，当第8个脉冲下降沿到来时，A点又呈高电平，振荡电路停振。由此可知，当按下K_i时，振荡器输出i个脉冲波。该脉冲经BG_1驱动两只红外发射管VD_1、VD_2，发射红外编码脉冲，从而完成编码发射。译码接收电路如图(b)所示，由接收放大、译码电路组成。红外接收管VD_3将接收到的红外编码脉冲转变为微弱的脉冲电信号,经 BG_2、BG_3 两级放大后,还原为编码脉冲。第一个脉冲经 D_3 以及 C_8、R_{13} 微分后,加至 IC_3 的复位端(CR),使 IC_3 清零。此时 Y_0 端呈高电平,此后的七个脉冲(以按下 K_8 为例)依次触发 INH 端,使 $Y_1 \sim Y_7$ 依次呈高电平,直至 Y_7 端呈高电平时脉冲信号消失。由此可知,译码器输出端与编码器的输入端($K_1 \sim K_8$)一一对应,只要在编码端按任意键 K_i,则在译码器的输出端 Y_i 呈高电平。从而完成译码输出。

元器件选用参考:该电路元器件无特殊要求,按图标选用即可。

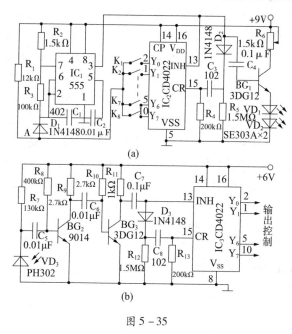

图 5 - 35

36、声响式赛车控制电路

声响式赛车控制电路如图 5 - 36 所示。

工作原理浅析:由图可知,该电路由声频放大器、双稳态电路、开关电路等组成。MIC 驻极体话筒及 BG1 等元件组成了声频放大电路,当有短促的声频输入时,由 C1 给 BG1 的基极提供一个脉冲,而 BG1 的集电极得到一个负方波,用来触发双稳态电路。双稳态电路由 BG2、BG3 等

209

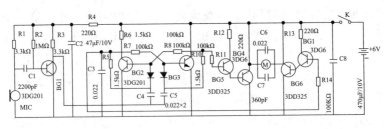

图 5 – 36

元件组成。C3 的作用是当合上电源开关 K1 瞬间,电压通过 R6C3 旁路到地,迫使 BG3 截止,BG2 饱和。开关电路由 BG4、BG5 和 BG6、BG7 两对复合管组成。当 BG3 截止时,BG4、BG5 导通,电压通过电动机 M 经过 BG5 到地,电机正转,赛车前进,当收到指令信号后,双稳态电路翻转,BG6、BG7 导通,电动机反转,赛车后退,C6、C7 起保护大功率晶体管的作用。

元器件选用参考:BG1 应选用 $\beta \geqslant 80$ 管子。其他小功率管 $\beta \geqslant 30$ 均可。BG2、BG3 尽量配对;BG5、BG6 用 3DD325 型或 3DD03 等大功率管子;MIC 为驻极体话筒,其他元器件按图标选用即可。

37、投影机延时保护电路

投影机延时保护电路如图 5 – 37 所示。

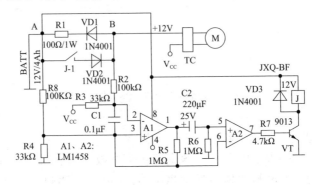

图 5 – 37

工作原理浅析:该电路主要由集成块 LM1458、风扇电机继电器及二极管等组成。由图可知,其中 A1、A2 为集成块 LM1458 的两组比较器,M 为投影机风扇电机。当电网电压正常时,电路中的 B 点电压由风扇引入,经 R2、R3 分压后加至 A1 比较器第 2 脚,此时该电压高于第 3 脚基准电压,于是 A1 第 1 脚、A2 的同相输入端第 5 脚以及输出端第 7 脚都为低电平,晶体管 VT 截止,微型继电器 J 不动作,投影机风扇引入的 12V 电压通过 VD1 及 R1 对电池 BATT 限流充电。R1 的阻值及功率应根据当地停电的频繁程度决定,停电越频繁,阻值应越小,相应的额定功率越大。电网突然停电时,B 点及 A1 第 2 脚电压迅速下降,当 A1 第 2 脚电压降到低于第 3 脚电压时,A1 输出高电平,由于电解电容 C2 的充电过程,使 A2 同相输入端、输出端均呈高电平,VT 导通,J 吸合,电池通过常开触点 J-1 及 VD2 为风扇电机供电,使投影机继续风冷,随着 A1 第 1 脚高电平通过 R6 对 C2 不断充电,C2 负极的电位不断下降,当其低于第 6 脚电压时,A2 输出端电压翻转,VT 截止,J 释放,延时过程结束。该电路的延时时间不仅与 C2、R6 有关,而且与第 6 脚设置的基准电压有关,正反馈电阻 R5 的阻值可根据风扇 +12V 电源的波动程度适当调整。

元器件选用参考:该电路元器件无特殊要求,按图标选用即可。

38、自行车气泵自动控制电路

自行车气泵自动控制电路如图 5-38 所示。

工作原理浅析:由图可知,闭合自动开关 QK 及开关 S 接通,电源给控制器供电。当气缸内空气压力下降到电接点压力表"G"(低点)整定值以下时,表的指针使"中"与"低"点接通,交流接触器 KM1 通电吸合并自锁,气泵 M 启动运转,红色指示灯 LED1、绿色指示灯 LED2 点亮,气泵开始往气缸里输送空气(逆止阀门打开,空气流入气缸内)。气缸内的空气密度逐渐增加,压力也逐渐增大,使表的"中"点与"高"点接通,继电器 K2 通电吸合,其常闭触点 K2-0 断开,切断接触器 KM1,KM1 即失电释放,气泵 M 停止运转,VD4 熄灭,逆止阀门闭上。当给自行车轮胎充气时,手拿充气胶管顶端,对准气门芯往下按压,则压力开关打开,空气充入轮胎内。充足气后,手拿开胶管,气门开关自动闭上。当气泵气缸内的压力下降到整定值以下时,气泵 M 又启动运转,……如此周而复始,使气泵气缸内的压力稳定在整定值范围,满足骑自行车人用气的需要。

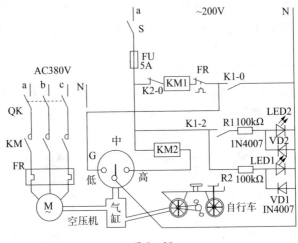

图 5 - 38

元器件选用参考:电接点压力表 G,选择 YX - 150 型 0 ~ 4kgf/cm^2(注:1kgf/cm^2 = 0.1MPa)。压力调节时,在电接点压力表盘面上有三根指针,高、低校正针都是可以移动的,自行车轮胎所需的压力,一般设定压力范围在 3.5 ~ 3.9kgf/cm^2 之间即可。交流接触器 KM1 选择 CJ10 - 10 型 220V10A。继电器 K2 选择 JZX - 22F/ZZ 型 220VA。自动开关 QK 为 220V10A。